智能制造类产教融合人才培养系列教材

智能制造数字化数控编程与精密制造

郑维明　张振亚　杜　娟　编

机械工业出版社

本书以西门子工业软件相关技术平台为支撑，介绍了如何使用数控技术实现数控加工，以及如何编制符合机械加工要求的合格的数控程序，并基于 NX 软件，阐述每个阶段的详细操作要领，以及各种机床的编程要点，内容包括数控加工与 CAM 技术概述、数控加工工艺分析、NX CAM 操作基本流程、规则体零件加工、腔体类零件加工、孔加工、轴类零件数控加工、数控电火花线切割加工、自动数控编程、后处理、机床仿真和基于 NX CAM 的机器人加工。

本书可作为高等职业院校机械及相关专业的教材，也可供从事产品设计和制造的技术人员参考。

为便于教学，本书配套有电子课件、实例模型等教学资源，凡选用本书作为授课教材的教师可登录 www.cmpedu.com 注册后下载。

图书在版编目（CIP）数据

智能制造数字化数控编程与精密制造/郑维明，张振亚，杜娟编. —北京：机械工业出版社，2022.3

智能制造类产教融合人才培养系列教材

ISBN 978-7-111-70147-7

Ⅰ.①智… Ⅱ.①郑…②张…③杜… Ⅲ.①智能制造系统-数控机床-程序设计-高等职业教育-教材②智能制造系统-机械制造工艺-高等职业教育-教材 Ⅳ.①TH166

中国版本图书馆 CIP 数据核字（2022）第 023416 号

机械工业出版社（北京市百万庄大街 22 号　邮政编码 100037）
策划编辑：黎　艳　　　　责任编辑：黎　艳　陈　宾
责任校对：张　征　张　薇　封面设计：张　静
责任印制：常天培
北京机工印刷厂印刷
2022 年 4 月第 1 版第 1 次印刷
184mm×260mm·11.5 印张·381 千字
0001—1900 册
标准书号：ISBN 978-7-111-70147-7
定价：45.00 元

电话服务　　　　　　　　　网络服务
客服电话：010-88361066　　机　工　官　网：www.cmpbook.com
　　　　　010-88379833　　机　工　官　博：weibo.com/cmp1952
　　　　　010-68326294　　金　书　网：www.golden-book.com
封底无防伪标均为盗版　机工教育服务网：www.cmpedu.com

西门子智能制造产教融合研究项目
课题组推荐用书

编写委员会

郑维明　张振亚　杜　娟　方志刚　刘其荣

李凤旭　熊　文　张　英　许　淏

编 写 说 明

为贯彻中央深改委第十四次会议精神，加快推进新一代信息技术和制造业融合发展，顺应新一轮科技革命和产业变革趋势，以智能制造为主攻方向，加快工业互联网创新发展，加快制造业生产方式和企业形态根本性变革，同时，更好提高社会服务能力，西门子智能制造产教融合课题研究项目近日启动，为各级政府及相关部门的产业决策和人才发展提供智力支持。

该项目重点研究产教融合模式下的学科专业与教学课程建设，以数字化技术为核心，为创新型产业人才培养体系的建设提供支持，面向不同培养对象和阶段的教学课程资源研究多种人才培养模式；以智能制造、工业互联网等"新职业"技能需求为导向，研究"虚实融合"的人才实训创新模式，开展机电一体化技术、机械制造与自动化、模具设计与制造、物联网应用技术等专业的学生培养；并开展数字化双胞胎、人工智能、工业互联网、5G、区块链、边缘计算等领域的人才培养服务研究。

西门子智能制造产教融合研究项目课题组组建了教材编写委员会和专家指导组，在专家和出版社编辑的指导下有计划、有步骤、保质量完成教材的编写工作。

本套教材在编写过程中，得到了所有参与西门子智能制造产教融合课题研究项目的学校领导和教师的积极参与，得到了企业专家和课程专家的全力帮助，在此一并表示感谢。

希望本套教材能为我国数字化高端产业和产业高端需要的高素质技术技能人才的培养提供有益的服务与支撑，也恳请广大教师、专家批评指正，以利进一步完善。

西门子智能制造产教融合研究项目课题组　郑维明

2020 年 8 月

前　言

　　现代制造技术发展的核心是实现企业数字化，数控加工是企业数字化中的重要环节。数控加工（Numerical Control Machining）是指在数控机床上进行零件加工的一种工艺方法。数控机床加工与传统机床加工的工艺规程总体上是一致的，但也有明显的变化。数控加工是用数字信息控制零件和刀具位移的机械加工方法，是解决零件品种多变、批量小、形状复杂、精度高等问题和实现高效化、自动化加工的有效途径。与之相对应的是计算机技术、计算机应用技术的发展。其中计算机辅助制造就是重要的一部分。

　　计算机辅助制造（CAM）是利用计算机辅助完成从生产准备到产品制造的整个过程，即通过直接或间接地把计算机与制造过程和生产设备联系起来，用计算机系统进行制造过程的计划、管理以及对生产设备的控制与操作的运行，处理产品制造过程中所需的数据，控制和处理物料（毛坯和零件等）的流动，对产品进行测试和检验等。它包括很多方面，如计算机数控（Computer Numerical Control，CNC）、直接数控（Direct Numerical Control，DNC）、柔性制造系统（Flexible Manufacturing System，FMS）、机器人（Robots）、计算机辅助工艺设计（Computer Aided Process Planning，CAPP）、计算机辅助测试（Computer Aided Test，CAT）、计算机辅助生产计划编制（Production Planning Simulation，PPS）以及计算机辅助生产管理（Computer Aided Production Management，CAPM）等。狭义的 CAM 是指从产品设计到加工制造之间的一切生产准备活动，包括 CAPP、NC 编程、工时定额的计算、生产计划的制订、资源需求计划的制订等。

　　本书深入浅出、详尽介绍了基于 NX CAM 软件每个阶段的具体操作要领，以及各种机床相应的编程要点，包括数控加工与 CAM 技术概述、数控加工工艺分析、NX CAM 操作基本流程、规则体零件加工、腔体类零件加工、孔加工、轴类零件数控加工、数控电火花线切割加工、自动数控编程、后处理 Post Configurator、机床仿真和基于 NX CAM 的机器人加工，使读者能从中掌握精密加工的应用要领。从 NX CAM 的架构而言，NX CAM 利用现有的系统架构对使用日益频繁的机器人进行了技术支持，拓展了对现代智能制造的支持范围，使之具有更广泛的应用性。

　　由于编者水平有限，书中难免有错误和不妥之处，恳请广大读者批评指正。

编　者

目　录

第 1 章　数控加工与 CAM 技术概述

1.1　数控加工与 CAM 技术基本概念

现代制造技术是以现代制造业（特别是机械制造企业）所面临的严峻的生存环境为背景发展起来的。面对激烈的市场竞争，使得产品交付周期、产品迭代周期变短，多品种产品进行小批量生产成为了常态，企业难以沿用传统的制造技术和制造模式去面对自身生存环境的挑战。因此，人们必须研究、探索、应用新的制造技术和制造模式，提高企业生产率，降低生产成本，从根本上提高企业的核心竞争力。

现代制造技术发展的核心就是实现数字化企业，数控加工是数字化企业中的重要环节。数控加工（Numerical Control Machining），是指在数控机床上进行零件加工的一种工艺方法，数控机床加工与传统机床加工的工艺规程在总体上是一致的，但也有明显的变化。数控加工是用数字信息控制零件和刀具位移的机械加工方法，是解决零件品种多变、批量小、形状复杂、精度高等问题、实现高效化、自动化加工的有效途径。数控加工依赖于计算机技术、计算机应用技术的发展，计算机辅助制造就是其中的中坚力量。计算机辅助制造（CAM）主要是指利用计算机辅助完成从生产准备到产品制造的整个过程，即通过直接或间接地把计算机与制造过程和生产设备相联系，用计算机系统进行制造过程的计划、管理以及对生产设备的控制与操作的运行，处理产品制造过程中所需的数据，控制和处理物料（毛坯和零件等）的流动，对产品进行测试和检验等。它包括很多方面，如计算机数控（Computer Numerical Control，CNC）、直接数控（Direct Numerical Control，DNC）、柔性制造系统（Flexible Manufacturing System，FMS）、机器人、计算机辅助工艺设计（Computer Aided Process Planning，CAPP）、计算机辅助测试（Computer Aided Test，CAT）、计算机辅助生产计划编制（Production Planning Simulation，PPS）以及计算机辅助生产管理（Computer Aided Production Management，CAPM）等。

1.2　数控加工技术的发展趋势

数控加工的精度、效率高，能适应多品种中小批量生产和加工形状复杂的零件，在机械加工中得到了广泛的应用，数控加工有以下几方面的特点。

1. 精度高、质量稳定

数控机床是在数控加工程序控制下运行的，一般情况下加工过程不需要人工干预，这就避免了操作者人为产生的误差。在设计、制造数控机床时，采取了多种措施，使数控机床的机械部分达到了较高的精度和刚度。此外，数控机床的传动系统与机床结构都具有很高的刚度和热稳定性。通过补偿技术，数控机床可获得比本身精度更高的加工精度，尤其提高了同一批零件生产的一致性，产品合格率高，加工质量稳定。

2. 适应性强

适应性是指数控机床随生产对象变化而变化的适应能力。在数控机床上加工不同的零件时，不需要改变机床的机械结构和控制系统的硬件，只需要按照零件的轮廓编写新的加工程序，输入新的加工程序后就能加工新的零件，这就为复杂结构零件的单件、小批量生产和新产品试制提供了极大的方便。

3. 生产率高

零件加工所需的时间主要包括切削时间和辅助时间两部分。数控机床主轴的转速和进给量的变化范围比普通机床大，而且是无级变化的，因此数控机床每一个工序、工步都可选用最合理的切削用量。基于数控机床结构刚性的特性，通过特殊的切削策略，实现高转速、高进给量的切削用量，实现强力切削效果，提高了数控机床的切削效率，节省了切削时间。数控机床的移动部件空行程运动速度快，自动换刀时间短，辅助时间比普通机床大为减少。数控机床在批量生产过程中更换被加工零件时不需要重新调整机床，可以节省停机进行安装、调整零件的时间。由于数控机床的加工精度比较稳定，辅助在线动态监控，实时掌握数控机床的状态，通过大数据的分析与预判机床故障，减少停机检验的时间。在使用带有刀库和自动换刀装置的数控加工中心时，采用工序集中的方法加工零件，减少了半成品的周转时间，大大提高了生产率。

4. 劳动强度低

数控机床对零件的加工是在加工程序控制下自动完成的，操作者除了控制按钮与开关、装卸工件、关键工序的中间测量以及观察切削状态是否正常之外，不需要进行繁重的重复性手工操作，劳动强度与紧张程度可大为减轻，劳动条件也得到了相应的改善。

5. 利于生产管理的现代化

在数控机床上加工零件所需要的时间基本是可以预见的，工时费用可以计算得更精确。这有利于合理编写生产进度计划和实现现代化的生产管理。

6. 易于建立计算机通信网络

由于数控机床与计算机联系紧密且使用数字化信息，易于与计算机建立通信网络，便于与计算机辅助设计与制造（CAD/CAM）系统相连接，形成计算机辅助设计和辅助制造一体化，更容易形成制造区块链中的一个环节，为组成更广泛的数字化企业提供有力的支撑。

7. 价格较贵，调试和维修要求高

随着许多先进技术的发展和引入，使得数控机床的整体价格偏高，并且数控机床的机械结构和控制系统都比较复杂，要求操作人员、调试和维修人员应具有专业的知识和较高的专业技术水平，或经过专业的技术培训才能胜任相应的工作。

1.3 CAM 技术的发展与应用

计算机辅助制造的核心是计算机数值控制，是将计算机技术应用于制造生产的过程或系统。1952 年，美国麻省理工学院首先研制出数控铣床，其数控加工的特征是由编码在穿孔纸带上的程序指令来控制机床。随着技术的不断进步，之后的数控机床功能不断得到完善，应用范围也不断扩大，包括加工中心这类多功能机床，能从刀库中自动换刀和自动转换工作位置，能连续完成铣、钻、铰、攻螺纹等多道工序，这些都是通过程序指令的控制实现的，只要改变程序指令就可改变加工过程，这种数控加工的灵活性称为"柔性"，进而催生出了能应对这种数控指令要求的编程工具—CAM 软件。麻省理工学院于 1950 年研究开发数控机床的加工零件编程语言 APT，它是类似 FORTRAN 的高级语言，增强了几何定义、刀具运动等语句，应用 APT 使编写程序变得简单，实现了批处理编程。

CAM 软件是运用计算机辅助软件的图形设计功能、曲线曲面造型功能、分析功能等，将所需要加工的零件进行几何建模，选择合适的加工方法，设置合理的加工参数，计算机辅助软件自动生成该零件的加工数据文件，利用后置处理功能生成加工程序。并且零件的加工精度、相对位置精度都可以通过模型和加工参数进行控制。CAD/CAM 软件强有力的实体建模能力，使其能够轻松地建立各类复杂的几何造型；其强大的的图形库、建模工具和人性化的人机界面，可以很好地将设计者的构思表达出来，并进行各种机械分析和仿真，满足设计和制造结果，更符合实际生产的要求。

加工路径的自动生成便于按照设计要求采用正确的加工选项、设置合理的加工参数，并在软件提示下完成相关操作。CAM 软件将自动从图形中得到所需要的数据，经过对模型所包含的数据进行分析和计算，生成刀具路径。CAM 软件提供的强大资源库可供选择变化的刀具路径，使得编程人员能够基于加工零件的特点选择合适的加工方案。

大部分的 CAM 软件都具有加工仿真验证功能模块，加工仿真是能够检验刀具加工时的安全性和刀具运动合理性的有效方法，可以避免因加工参数设置不合理而造成的机床损坏与零件报废。同时得到零件加工所需要的加工时间，如果加工时间过长或超出预期可以修改进给参数，重新仿真得到合理的加工时间；仿真也可以很好地检验加工程序的合理性，降低试切材料的使用量，减少加工设备的损耗，提高了生产率和设备利用率。

第2章 数控加工工艺分析

2.1 数控机床的合理选用

不同类型的数控机床有着不同的用途，在选用数控机床之前应对其类型、规格、性能、特点、用途和应用范围有所了解，才能选择最适合加工零件的数控机床。从数控机床的类型方面考虑，数控车床适用于加工具有回转特征的轴类和盘类零件。数控镗铣床、立式加工中心适用于加工箱体类、板类零件和具有平面复杂轮廓的零件。卧式加工中心较立式加工中心用途要广一些，适合复杂箱体、泵体、阀体类零件的加工。多轴联动的数控机床、加工中心可以用来加工复杂的曲面、叶轮螺旋桨以及模具。

1. 数控机床的性能指标

（1）精度 精度包括定位精度、重复定位精度、分辨率和脉冲当量等，这些是可以从厂家提供的说明书中读取的。

（2）运动方式 运动方式包括运动坐标轴和可控联动坐标轴等。

（3）运动性能 运动性能包括主轴转速、各运动轴的进给速度、换刀时间和各运动轴的行程等。

（4）加工能力 加工能力是指机床每分钟的切削率，也和选择的刀具种类、规格和刚性有关。

2. 数控机床的应用范围

（1）数控车床 车床部分包括主轴、溜板、刀架等。数控系统包括显示器、控制面板、强电控制等。数控车床一般具有两轴联动功能，Z轴是与主轴方向平行的运动轴，X轴是在水平面内与主轴方向垂直的运动轴，远离工件方向为轴的正向。另外，在新型车铣加工中心，还增加了C轴或B轴，具有分度和联动功能，组成更为复杂的运动，适合更复杂形状零件的加工要求；在刀架中安装铣刀，对工件进行铣削加工。刀具超过12把的称为加工中心。数控车床主要用来加工轴类零件的内外圆柱面、圆锥面、螺纹表面、成形回转体表面等；对于盘类零件可以进行钻孔、扩孔、铰孔、镗孔等；还可以完成车端面、切槽、倒角等加工。

（2）数控铣床 数控铣床适合加工三维复杂曲面，在汽车、航空航天、模具等行业被广泛采用，可分为数控立式铣床、数控卧式铣床、数控仿形铣床等。

（3）加工中心 一般将带有自动刀具交换装置（ATC）的数控镗铣床称为加工中心，可以进行铣削、镗削、钻孔、扩孔、铰孔、攻螺纹等多种工序的加工，不包括磨削功能，因为微细的磨粒可能进入机床导轨，破坏机床的精度，而磨床上有特殊的保护措施。加工中心可分为立式加工中心和卧式加工中心。立式的主轴是垂直方向的，卧式的主轴是水平方向的。

（4）数控钻床　数控钻床分为立式钻床和卧式钻床，主要完成钻孔、攻螺纹等加工，同时也可以完成简单的铣削加工。刀库可以存放多种刀具。

（5）数控磨床　数控磨床用于加工高硬度、高精度的表面，分为平面磨床、内圆磨床、轮廓磨床等。随着自动砂轮补偿技术、自动砂轮修整技术和磨削固定循环技术的发展，数控磨床的功能越来越全。

（6）数控电火花成形机　数控电火花成型机加工为特种加工方法，利用两个不同极性的电极在绝缘体中产生放电现象，去除材料进而完成加工，适用于加工形状复杂的模具和难加工材料。

（7）数控线切割机　数控线切割机的工作原理与电火花成型机一样，其电极是电极丝，切削液一般是去离子水。其加工范围一般以零件的内、外轮廓加工为主。

选择数控机床要把握好技术、经济两个尺度。在数控机床上加工零件时，通常有两种情况，一是由被加工零件选择合适的加工设备，二是由数控机床选择适合的加工零件。无论哪种情况，通常都要根据被加工零件的精度、材质、形状、尺寸、数量和热处理等因素来选择。选用普通机床加工，还是数控机床加工，或者选用专用机床来加工，概括起来要考虑以下几方面因素：

1）要保证被加工零件的技术要求，加工出合格的产品。

2）有利于提高生产率。

3）尽可能降低生产成本（加工费用）。

当零件的复杂程度高或是在多品种、小批量（100 件以下）生产时，使用数控机床可获得较好的经济效益，反之则不然。

2.2　加工方法和加工方案的确定

合理确定数控加工工艺对实现优质、高效和经济的数控加工具有极为重要的作用。在规划零件的数控加工工艺时，首先要遵循一般加工工艺的基本原则和方法，同时考虑数控加工本身的特点和零件编程要求。

在设计数控工艺路线时，优先考虑加工顺序的安排，根据零件的结构、毛坯形状还有工件的定位安装和夹紧的需求进行综合考虑。一般需要遵守以下规则：前一道工序的加工不能影响后面工序的定位和夹紧；加工工序应该先粗加工、后精加工；加工余量由大到小；先进行内腔加工，后进行外轮廓加工；尽可能减少换刀次数，工件的重复定位和夹紧次数。

2.3　数控加工工艺性分析

充分分析加工对象的设计基准、工艺基准、检测基准，确定合理的编程原点，尽量做到编程原点（即加工装夹姿态）符合以下要求：

1）分析加工工件的形状尺寸链累积误差，保证加工精度要求。

2）应采用统一的定位基准。在数控加工中，若没有统一定位基准，会因工件的重新安装而导致加工后的两个面上轮廓的位置及尺寸不协调，要确保两次装夹、加工后其相对位置的准确性。

3）减少刀具规格和换刀次数，使编程方便、生产率得以提高。

4）内槽圆角（或曲面的最小曲率半径）的大小决定着刀具直径的大小，因此，内槽圆角半径不应过小。零件工艺性与被加工轮廓的形状、转接圆弧半径的大小等有关。

2.4　加工参数的设置

加工参数的设置可视为对加工对象的加工要求，包括指定相应的工艺规划和分解出对应的具体数值，它构成了利用 CAD/CAM 软件进行 NC 编程的主要操作内容，直接影响 NC 程序的生成质量。加工参数设置的内容较多，主要包括：

1）切削方式的设置。用于指定刀轨的类型及相关参数。

2）加工对象的设置。指用户通过交互手段选择被加工的几何体或其中的加工分区、毛坯、避让区域等。

3）刀具及机械参数的设置。针对每一个加工工序选择合适的加工刀具并在 CAD/CAM 软件中设置相应的机械参数，包括主轴转速、切削进给量、切削液控制等。

4）加工程序参数的设置，包括对进退刀位置及方式、切削用量、行间距、加工余量、安全高度等参数进行设置。这是编程中参数设置最重要的一部分内容。

2.5　工序和工步的划分

工序是指一个（或一组）工人在一个工作地对一个（或几个）劳动对象连续进行生产活动的综合，是组成生产过程的基本单位。根据性质和任务的不同，可分为工艺工序、检验工序、运输工序等。各个工序按加工工艺过程，可细分为各个工步；按其劳动过程，可细分为若干操作。划分工序所制约的因素有生产工艺及设备的特点、生产技术的具体要求、劳动分工和劳动生产率能提供的条件。在数控加工这个特定环境中，可以简单地认为一次装夹的定位状态就是一道工序。

工步可以简单地理解为一个工序的若干步骤，即在同一个工序中要完成一系列作业过程时，把可以归类成某独立的作业过程称为一个工步。对数控工序来讲，在同一次装夹状态下的各种操作，可认为是不同的工步。

2.6　数控编程的路线规划

1. 确定各工序的加工坐标系

编程中的加工坐标系，它所定义的是工件在机床上的加工姿态和安放位置。它定义的好坏将影响加工质量和工装夹具的复杂程度。较少的加工姿态可以减少零件加工中的重复定位。

2. 规划各工序下的加工对象

加工对象对于工序来讲，是对零件不同的加工区域的定义。在这个过程中，有序的定义加工对象可以帮助编程者对工艺编制进行理解，不遗漏加工对象；而其中对毛坯的定义也能对加工精炼起到一定的作用。

3. 规划数控编程工步

工步的规划是将不同的加工走刀策略给予充分的体现，如往复式、螺旋式等。合理按排工步有助于提高型面的加工精度。

4. 进行加工轨迹可达性验证

验证轨迹的可达性，可以极大地了解编制的工步是否已经可以将零件加工完成，同时可以看到余量的分布和尚未加工的区域，由此来调整和增加加工工步，达到加工的完整。

5. 后处理轨迹，形成机床代码

轨迹的覆盖不等于机床加工完整，其中包含不同控制器对不同种类的 G 代码的要求；同时对于各种辅助代码如 M6（换刀的动作指令），不同机床厂商都可能会有不同的运动定义，而在 G 代码程序中代表的是简单的换刀动作，因此代码的仿真可以暴露和展现这些隐藏的问题，从而提高 G 代码的安全性与可靠性。

6. 机床加工仿真

机床加工仿真是在 G 代码仿真的基础上，将机床的控制系统虚拟化，使得在 G 代码执行过程中，将控制器的插值过程一并进行加工模拟，可以较为精准的计算各种运动下的运动时间，更加或无限接近真实机床的加工过程。

第 3 章　NX CAM 操作基本流程

3.1　NX CAM 概述

　　NX CAM 是由 Siemens 公司推出的 NC 编程软件，是 NX 产品中的数控编程工具。它提供了对铣床、车床、线切割机、机器人、数控检测仪等设备的程序编制能力；覆盖对 2.5 轴到 5 轴乃至复合结构的处理能力；具备集成化的代码级机床的加工仿真能力，给加工程序提供了可靠的保障；同时提供标准化的自动编程和加工参数的再利用等便利的编程环境；提供适应各种控制器、可扩展各类自定义指令的后置处理方法。通过将 NX 连接到 Teamcenter 软件以进行数据和过程管理，为扩展零件制造解决方案打下数据可控的基础。以零件的三维模型为核心、与工艺相关的各种表格、工装清单、CNC 加工程序和工艺单等数据类型都可以得到全面的管理，达到与各类数据的有序关联、提高工作效率。

3.2　模型的修复与完善

　　NX 是一个 CAD/CAM 高度集成的软件，它强有力的 CAD 建模能力可用于 CAM 编程模型，并且完全满足 NC 编程的需要：一般来源于不同 CAD 的模型，由于数据转换的缺陷，会出现模型局部破损、丢失等现象；各种小的几何细节以及由于工序的要求暂时不加工的形状，干扰了刀轨的完整性和顺畅性。

　　如图 3-1 所示，左图所有孔系都应该在后面的钻孔工序（或工步）中来完成，因此干扰了铣削加工的轨迹，会带来刀轨连续性不好、跳刀过多以及计算刀轨效率过低等种种弊端；通过多孔的几何抑制功能，就能获得右图的效果，有效避免了上述的问题。

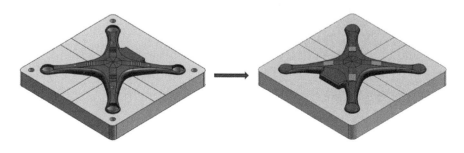

图 3-1　模型处理

3.3　NX CAM 操作流程

在 NX CAM 中进行零件加工的工艺流程设计时，要遵循一定的操作流程，整体流程如图 3-2 所示。

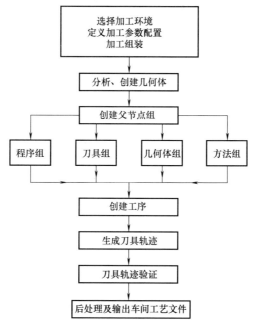

图 3-2　加工流程

具体操作流程如下：

1）创建包含组装的部件，该部件具有全部加工信息。该组装可以包含（或作为组件引用）要加工的工件、毛坯、夹具和机床。

2）建立程序、刀具、方法和几何体父节点组来定义重用的参数。

3）创建工序来定义刀轨。

4）生成和验证刀轨。

5）后处理刀轨，然后对机床和控制器进行数据格式设置及安全仿真。

6）创建车间工艺文件。

3.4　配置加工环境

配置加工环境的目的是要按加工编程对象的类型进行第一次归类，其中还包括一些参数分类的预设置，便于编程人员有目的地进入工作环境。

加工环境的组成如下：

1. 加工模板

加工模板中包含过程和选项设置。用户可以从不同的方面使用 CAM 系统；可以使用这些模板来设置 NX 所表示的工作流程，并设置选项，便于在使用中保持一致性和集中性；可以访问各个设置的预定义值，提高相应情况下的生产率。

共有五种类型的模板可以使用，分别为工序（步）模板、方法模板、刀具模板、几何体模板和程序组模板。各种模板包含各自不同的相关数据。工序（步）模板用于设置工序（步）中所有选项的值。例如：一个点到点的工序（步）模板，其中包括钻削所需的所有默认设置和车间工艺文件的格式，定义如刀具列表、工序卡和工艺方法等的格式。

2. 加工输出格式

根据所需机床或所用控制器定义的加工代码文件的格式定制。用户定义事件格式是加工辅助指令后处理的输出格式，例如：更换刀具指令格式等。

3. 加工库

加工库适用于制订刀具、刀具组件（刀具和夹持器）、机床、加工数据（进给量/速度）、切削方法和材料（部件和刀具）等各类规格与参数。这有利于以一致的方式在许多组合中重复使用这些信息。

4. 工艺助理

工艺助理用于控制用户界面中显示的 NC 编程操作过程。这种做法是一个类似加工工艺助理的向导。

5. 配置管理

根据不同的应用场景指定不同的配置环境，如指定模具加工环境、一般零件加工环境和叶轮加工环境等，这些环境都可以一次性配置和选择使用。

配置管理后的加工模板如图 3-3 所示。

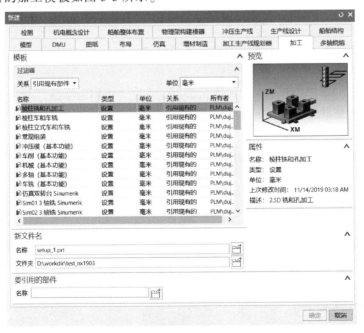

图 3-3　加工模板

3.5　加工编程模板

3.5.1　零件工艺分析与加工坐标的确定

根据零件的加工要求，制订加工工序，由此建立加工编程原点（图 3-4）和在此加工状态下的加工对象（如面或体）。

3.5.2　模板的选择与设定

选择模板来确定加工类别和加工方式。其中加工的类型包括车、铣；也可以将加工策略加以利用，如平面铣、轮廓铣等；同时还可以将各种加工、计算所需要的参数一起引入，如加工精度、进给速度和主轴转速等。

创建加工常规模板的步骤如下：

1）创建一个新的装配文件并将当前打开的文件添加为组件。

图 3-4　建立加工编程原点

2）创建程序、几何体、刀具和方法组。

3）设置 CAM 配置参数。

4）提供常规设置类型的选项。

5）为每种类型提供子类型选项。

3.5.3　自动创建加工装配组

根据加工装配需求的不同建立编程的场景环境，大致可分为三种，分别为简单环境（仅为零件）、中等复杂环境（零件+工装）、复杂环境（零件+工装+机床），如图 3-5 所示。

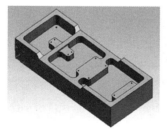
简单环境

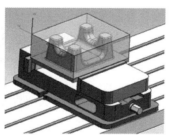
中等复杂环境

复杂环境

图 3-5　加工场景环境

所有几何体都以装配体的形式呈现，其结构体现的是一个阶段的物料清单，是整个产品生命周期中的一个重要的构建阶段，能组合出完整的结构链，在各种不同的操作中自觉地构建出产品的物料清单。

3.6 数控刀具的选择

3.6.1 数控刀具的分类

如图 3-6 所示，数控刀具大致可分为以下几类：

1）按工艺分为铣刀、镗刀、车刀、钻刀。

2）按结构分为整体式、机夹式、焊接式、特殊形式刀具。

3）按材料分为工具钢刀具、硬质合金刀具、表面涂层刀具。

a)   b)   c)

图 3-6　数控刀具

3.6.2 数控刀具的结构

数控刀具在使用过程中一般都是以组合的形式出现。图 3-7 所示为铣刀组合，图 3-8 所示为车刀组合。

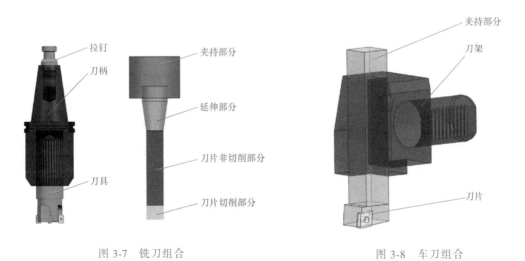

图 3-7　铣刀组合

图 3-8　车刀组合

无论是哪种刀具，都需要有存放的地方，这个地方就是刀库中的刀位（POCKET）或称为刀塔（CARRIER）中的刀槽（POCKET）。

3.7　数控加工中的坐标系

机床中的坐标系有两大类，分别为机床坐标系和加工坐标系。机床坐标系的原点也称为机床原点，是一个固定不变的位置，是机床物理机构和其控制器之间位置定义的标准。加工坐标系是机床加工零件时定义的工作坐标系，是可变的并可以定义多个，如 G54、G55 坐标系等。在进行数控程序编制时需要了解并利用好这个规则。

在 CAD/CAM 软件中也有各种坐标系的定义，如绝对坐标系、工作坐标系、加工坐标系和已保存的坐标系等，这些坐标系都有各自的应用和含义。

3.7.1　加工坐标系的定义

加工坐标系（图 3-9）是指编程坐标系，它用于指定工件在机床中定位的位置，同时也用于数控加工所定义的加工工序或加工姿态。这个坐标系的定义包含以下两方面：

1）位置。即零件在机床上的空间定位坐标，用来匹配程序与机床的相对关系。一般选择各种孔、平面等便于测量的几何对象。

2）方向。即加工工序要求的可利用的姿态。可充分考虑工序基准，便于加工公差的合理分配，且必须考虑基准和加工精度的关系。

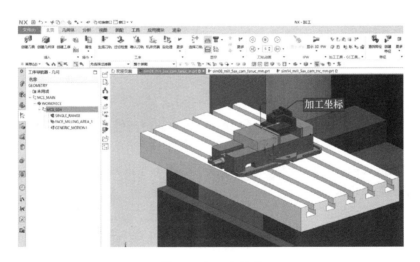

图 3-9　加工坐标系

3.7.2　矢量与刀轴的定义

矢量是对坐标空间中的位置与方向的描述方式，刀轴是指刀具的方向。当刀具处于一个固定轴的位置（通常锁定在 Z 轴）时执行 3 轴加工；在 4 轴或 5 轴机床上可以在切削或定位时，在可控范围内对刀轴指定其他矢量，这样以刀具的侧倾或机床轴（旋转轴）的定位来进行切削，达到特定的工艺要求。

因此，矢量在数控编程的过程中是用于定义刀轴的数学描述和计算依据。

3.8 加工参数中的继承关系

3.8.1 工序导航器

工序导航器具有 4 个用来创建和管理 NC 程序的分级视图，可以使用导航器工具条上的命令进行切换，分别为程序视图、机床视图、几何视图和加工方法视图，如图 3-10 所示。

图 3-10 工序导航器图标

1. 程序视图

程序视图（图 3-11）用于对输出至 CLSF 或后处理器的工序进行排序，它显示了每个工序所属的程序父组，并且是唯一一个体现工序顺序相关性的视图。

2. 机床视图

在机床视图（图 3-12）中，按工序中使用的切削刀具排列工序。用户也可以按刀具类型组织切削刀具。

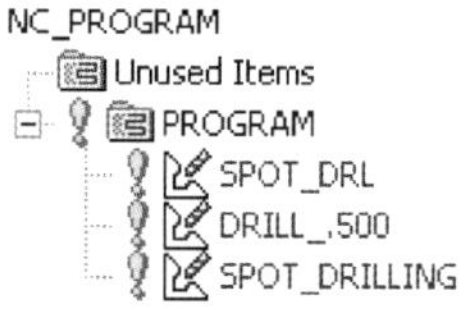

图 3-11 程序视图 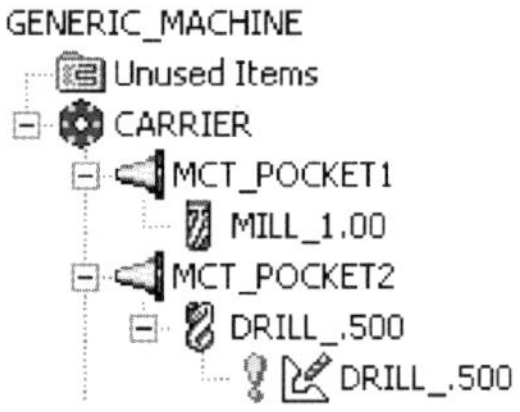　　　　图 3-12 机床视图

3. 几何视图

几何视图（图 3-13）显示了工序和几何体父组将使用的机床坐标系和加工几何体。

4. 加工方法视图

加工方法视图（图 3-14）用于在加工方法下组织工序以共享公共参数值。加工方法包括粗加工、半精加工和精加工。

图 3-13 几何视图　　　　图 3-14 加工方法视图

3.8.2 信息继承到工序

在创建工序之前，可以定义程序、刀具、几何体和加工方法的参数。在程序、刀具、几何体和加工方法组内的参数设置可由其他组或工序继承。组间有继承关系，因此包含工序或

子组的组称为父组。

（1）程序组　使用"创建程序"命令创建程序组。NX 提供一个程序组，但也可以创建其他程序父组。程序组允许对输出的工序进行分组和排序。例如，在数控机床中有一个组装可以加工部件顶部，另一个组装可以加工部件底部，编制加工程序时可以为每个组装创建一个单独的程序组。

（2）刀具组　使用"创建刀具"命令创建新刀具和刀具组。在"创建刀具"对话框中，必须先从"类型"列表中选择刀具类型；所选类型将确定可用的刀具子类型；刀具组可定义切削刀具；可以通过创建刀具或从刀具库中调用刀具来填充刀具组。可以指定铣刀、钻刀和车刀，并保存与刀具相关联的参数，以用作相应后处理器命令的默认值。

（3）几何体组　几何体组包括：

① 机床坐标系（MCS）父组，可以指定位置、方位、装夹偏置、安全平面和刀轴信息。

② 部件上要加工的区域。

③ 不必加工的区域，如夹具和夹持器。

④ 刀具空间范围的边界。

⑤ 部件材料，用来计算加工数据，如进给率和速度。

在几何体父项中指定几何体时，层次结构中的所有工序将继承该几何体，所以不必重复选择几何体。在几何体父组中，还可以添加余量以便将刀具定位到远离部件、毛坯、检查或修剪几何体的位置；保存布局/图层设置。

几何体组可能包含其他几何体组和切削工序。例如：MILL_GEOM 组可能包含一个 MILL_AREA 组，而该 MILL_AREA 组可能包含几个工序。这些工序将从 MILL_AREA 和 MILL_GEOM 组继承部件几何体。并非所有的工序都可放在任意的几何体组中，因为不同的工序继承其对应的几何体类型。例如：铣削工序无法继承车削几何体父组。

（4）加工方法组　创建加工方法组来指定公共加工参数，可使层次结构中的所有工序都可继承这些参数。加工方法父组中的参数包括余量、公差、进给率、显示颜色、刀具显示和切削方法。切削方法用于计算加工数据。

第4章　规则体零件加工

4.1　规则体的定义

规则体是指以平面、圆柱等几何元素构建成的具有凸台、凹槽、孔及倒角等几何特征的零件形体。本章节讲解规则零件进行铣削加工的基本原理，并通过加工案例介绍平面铣削加工中几种主要的加工方法，如垂直壁加工、倒角加工和底平面加工等。

加工规则体零件的刀具主要使用立铣刀或牛鼻刀等。

4.2　底平面与侧壁加工

零件的底平面与侧壁的加工，主要关注的是加工的尺寸和几何公差的要求，确保尺寸精度和表面质量；其次要关注的要素就是毛坯的形状和毛坯在加工过程中的变化，防止加工过程中的碰撞和轨迹不优化（空刀过多）现象的出现。

图 4-1　零件模型

【案例1】

以加工实例介绍考虑毛坯对刀轨的影响效果。

1）打开教学资源包中文件"04-底部与侧壁1.prt"，零件模型如图4-1所示。

2）单击【主页】→【插入】→【创建工序】按钮 ，打开【创建工序】对话框，如图4-2所示。设置【类型】为【mill_planar】，【工序子类型】为【带IPW的底壁铣】 ，【程序】为【PROGRAM】，【刀具】为【MILL（铣刀-5参数）】，【几何】为【WORKPIECE】，【方法】为【MILL_ROUGH】。

3）单击【确定】按钮，在【几何体】选项组中，单击【指定切削区底部】 选择高亮面，如图4-3所示。

4）在【刀轨设置】选项中，设置【切削模式】为【单项】 ，【每刀切削深度】为"5"。

5）在【预览】选项组中单击【显示】按钮，结果如图4-4所示。图中可以看到每一层的状态，每一层的区域大小都不一

图 4-2　【创建工序】对话框

样；这个效果就是由于在计算过程考虑到了毛坯的形状，从而优化了在每一层的刀具路径，提高进给效率。

6）在【操作】选项组中单击【生成】按钮 ，生成加工刀轨。

图 4-3　加工面 　　　　　　　　　　　　图 4-4　分层切削

4.3　平面加工

平面加工是以轮廓定义加工范围来加工规则零件中平面的加工方法。该方法主要需要掌握边界的定义原则和边界定义过程中的迭代关系，在加工过程中做到被加工材料的不过切、不漏切。

【案例 2】

以加工实例介绍平面加工的要点。

1）打开教学资源包中文件"04_平面.prt"，零件模型如图 4-5 所示。

2）被加工工件是一个由圆柱毛坯加工而成的零件，因此可以考虑将其装夹在分度转台上，便于一次装夹完成加工，同时保证了各个面加工的相对位置精度。以此考虑

图 4-5　零件模型

创建加工坐标系，并指定被加工体及其毛坯，具体操作步骤和参数设置如图 4-6 所示。

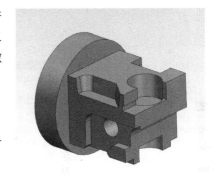

图 4-6　定义操作

3）打开【创建刀具】对话框，创建两把面铣刀，直径分别为 30mm 和 50mm，具体参数设置分别如图 4-7 和图 4-8 所示。

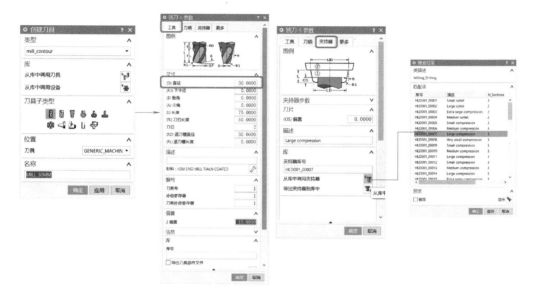

图 4-7　定义刀具 1

图 4-8　定义刀具 2

4）创建正面的加工程序。如图 4-9 所示，打开【创建工序】对话框，设置【工序子类型】为【底壁加工】，【刀具】为【MILL_50MM】，【指定切削底面】为零件正面，【将底面延伸至】为【毛坯轮廓】，保证切削的完整性，不至于被选择面的面积所局限产生未加工现象；【切削模式】为【单向】，保证切削的稳定性。开始加工编程的初期，建议设置【毛坯】为【毛坯几何体】，这是最原始的加工依据；而【步距】为【%刀具平直】，定义刀具的搭接范围，【平面直径百分比】设为"75"；【每刀切削深度】以刀具刚性和切削刃长度来定，设为"4"。完成参数设定后单击【生成】按钮。

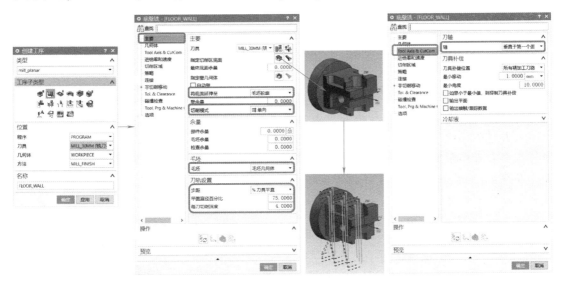

图 4-9　正面的加工参数设置

5）创建顶面的加工程序。如图 4-10 所示，设置【工序子类型】为【底壁加工】，【刀具】为【MILL_50MM】，【指定切削区底面】为零件顶面，参照正面加工的基本参数设定，修改【毛坯】为【3D IPW】，这就有效利用了上道工步作用下毛坯的变化，保证本次计算的刀路更加符合当前毛坯状态，减少空刀现象的产生。完成参数设定后单击【生成】按钮。

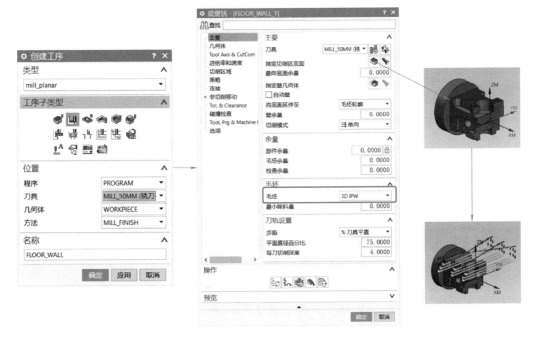

图 4-10　顶面的加工参数设置

6）创建背面的加工程序。如图4-11所示，用鼠标右键单击【FLOOR_WALL_1】并选择【复制】命令，用鼠标右键单击【WORKPICE】根节点并选择【内部粘贴】命令。【FLOOR_WALL_1_COPY】在程序中显示为第三个工序，重命名【FLOOR_WALL_1_COPY】为【FLOOR_WALL_2】，这样可以保留被复制工序中的所有参数都被设定和选择刀具，充分利用原来的操作。

图4-11　复制工序

双击【FLOOR_WALL_2】，在【切削区域】对话框中，先删除原来存在列表中的对象，再重新选择零件背面，如图4-12所示。由于除了被加工面以外，都继承了被复制对象里的所有参数，因此只需要单击【生成】按钮即可。

图4-12　改变切削区域

7）创建背面槽加工程序。如图4-13所示，根据加工槽的宽度，创建合适的立铣刀。

如图4-14所示，打开【创建工序】对话框，设置【工序子类型】为【底壁加工】，【刀具】为【MILL_8MM】，【指定切削底面】为顶面，勾选【自动壁】，由系统自动查找与被选底面组成的壁；在【切削区域】选项卡中，勾选【延伸壁】；【每刀切削深度】设为"3"。完成参数设定后单击【生成】按钮。

8）创建加工后腔程序。用鼠标右键单击【FLOOR_WALL_3】并选择【复制】命令，用鼠标右键单击【WORKPICE】根节点并选择【内部粘贴】命令，【FLOOR_WALL_3_COPY】在程序中显示为第三个工序，重命名【FLOOR_WALL_3_COPY】为【FLOOR_WALL_4】，这样可以保留被复制的工序中的所有参数都被设定和选择刀具，充分利用原来的操作。

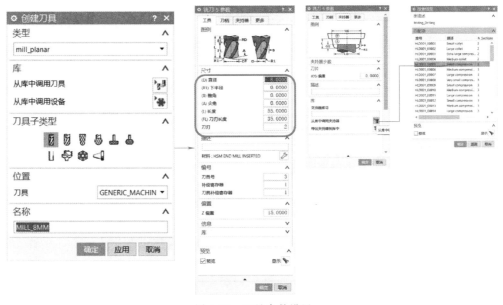

图 4-13　刀具参数设置

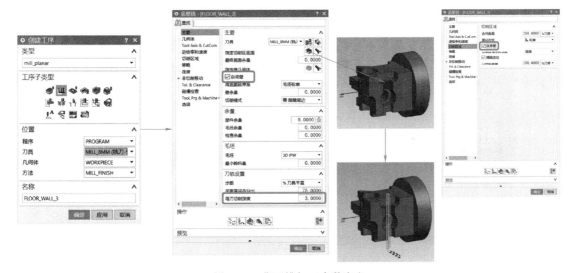

图 4-14　背面槽加工参数定义

如图 4-15 所示，双击【FLOOR_WALL_4】，在【切削区域】对话框中，先删除原来存在列表中的对象，重新选择零件后腔；并将【切削模式】设置为【轮廓】。由于除了被加工面以外，都继承了被复制对象里的所有参数，因此只需要单击【生成】按钮即可。

9）创建顶腔加工程序。观察顶腔侧壁，可以发现该侧壁呈 7°的斜度，因此需要创建一把带锥度的立铣刀来完成加工。单击【创建刀具】按钮，设置【刀具子类型】为【MILL】，【名称】为【MILL_8MM_7DEG】，按图 4-16 所示依次设置【刀具】【刀柄】和【夹持器】选项卡中参数。

打开【创建工序】对话框，设置【工序子类型】为【底壁加工】，【刀具】为【MILL_8MM_7DEG】，按图 4-17 所示完成参数设定后单击【生成】按钮。

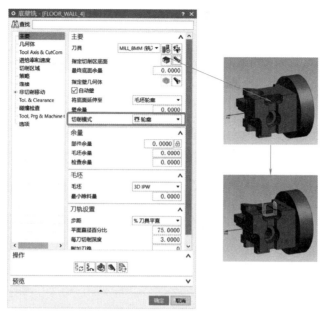

图 4-15　改变切削区域

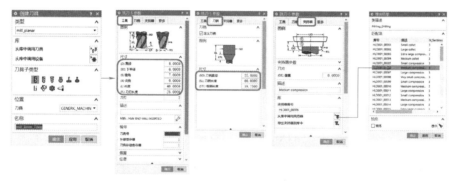

图 4-16　刀具参数设置

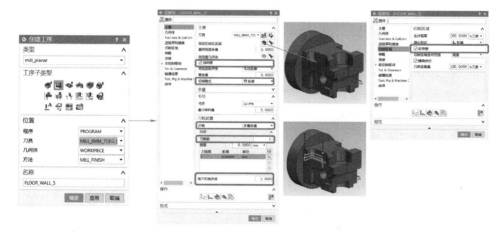

图 4-17　加工顶腔参数定义

10）创建右侧面加工程序。如图 4-18 所示，设置【刀具】为【MILL_50MM】，【指定切削区域面】为零件右侧面，【步距】为【刀路数】，【刀路数】为"1"。完成参数设定后单击【生成】按钮。

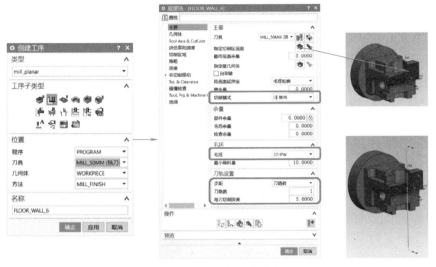

图 4-18　加工右侧面参数定义

11）创建右前腔加工程序。创建刀具，单击【机床视图】按钮，用鼠标右键单击【MILL_8MM】并选择【复制】命令，用鼠标右键单击【GENERIC_MACHINE】并选择【内部粘贴】命令，重命名【MILL_8MM_COPY】为【MILL_6MM】。

如图 4-19 所示，单击【创建工序】按钮，设置【刀具】为【MILL_6MM】。单击【指定切削区底面】和【指定壁几何体】，分别选取右面底部和对应的侧壁（两平面）；设置【切削模式】为【轮廓】；【每刀切削深度】为"3"，保证深度方向上加工的平顺性；【附加刀路】为"1"，增加一个等距刀路，保证完整覆盖轮廓加工的平面。完成参数设定后单击【生成】按钮。

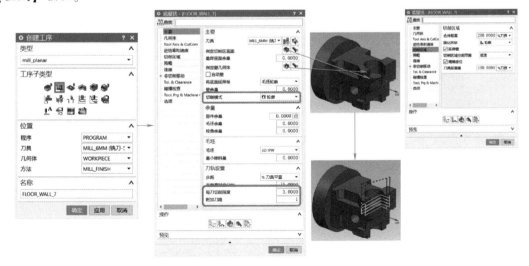

图 4-19　右前腔加工参数定义

12）创建右侧壁加工程序。如图4-20所示，单击【创建工序】按钮，设置【刀具】为【MILL_8MM】，【指定切削底面】为零件右侧壁面，【切削模式】为【跟随部件】，保证刀轨和右侧面形状一致，【每刀切削深度】为"6"；刀轴定义为与右侧壁面平行方向；在【切削区域】选项卡中，勾选【延伸壁】；在【策略】选项卡中，设置【Z向深度偏置】为"2"，让刀的底部超过右侧壁最低边2mm，去除底边毛刺。完成参数设定后单击【生成】按钮。

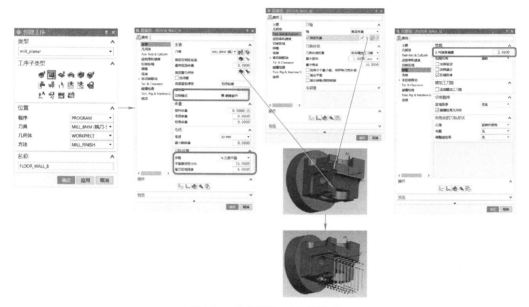

图4-20　右侧壁加工参数定义

13）创建前舱加工程序。如图4-21所示，单击【创建工序】按钮，设置【刀具】为【MILL_8MM】，【指定切削底面】为零件前舱面，【切削模式】为【轮廓】，勾选【自动壁】和【切削区域】选项卡中的【延伸壁】，以围成加工范围。完成参数设定后单击【产生】刀轨。

图4-21　前舱加工参数定义

14）创建底面加工程序。如图4-22所示，单击【创建工序】按钮，设置【刀具】为【MILL_8MM】，【指定切削底面】为3个底面（不在同一个平面上），【切削模式】为【轮廓】,【将底面延伸至】为【无】。

　　通过以上的操作,这个零件的平面部分依次完成了对应的铣削程序的编制,检查零件的材料去除状况。选择【WORKPIECE】节点,单击【确认刀轨】按钮🔧,选择【3D 动态】选项卡,单击【播放】按钮▶,结果如图 4-23 所示。从零件的剩余形状来看,都可用钻孔的工艺来完成。

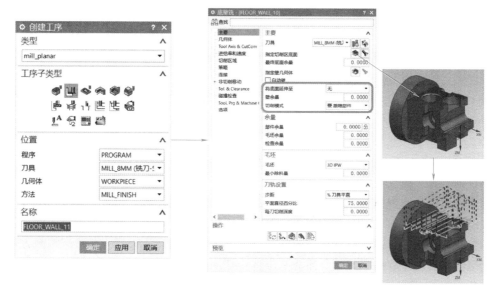

图 4-22　底面加工参数定义

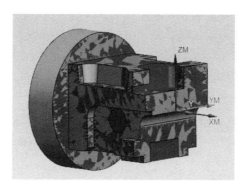

图 4-23　加工编程结果

第5章 腔体类零件加工

腔体类零件应用广泛，现今对此类产品的制造要求也越来越高。腔体类零件加工的材料去除率一般较高，因而提高切削效率，缩短加工周期，是制造业急需解决的问题。腔体类零件的加工一般包含粗加工、半精加工和精加工。本章主要介绍对加工复杂形状的腔体类零件提供的多种切削方案，如粗加工、半精加工以及精加工。

5.1 自适应铣削

自适应铣削是一种高速粗加工方法，可显著地减少加工时间，同时延长刀具寿命，可应用于大部分的模具粗加工，尤其适用于深腔零件的粗加工。自适应铣削是以被切削材料等体积去除为原则的连续切削运动，是高速铣削硬度较高材料的最佳选择。自适应铣削方法能够保持恒定的材料去除率和吃刀量，而非基于特定切削模式、保持单一切削方向，从而提高生产率，延长刀具寿命；与传统切削方法相比（如型腔铣中的跟随部件或跟随周边切削模式），刀具横向切削较薄，因此能以较高速度移动，同时避免可能会使用满刀切削的情况；使用简单，且智能化程度极高。本节将通过实例来讲解自适应铣削的应用。

5.1.1 自适应铣削的特点

1）自适应铣削工序中使用螺旋式下刀，而非基于某种特定切削模式或切削方向，不遵循任何特定方向或预定义方法。

2）与传统切削策略相比，自适应铣削的切削深度较深，步距较小。这能让热量在切屑中散开，而不被切削刀具吸收，有助于减少刀具磨损并改善高速切削下的切削性能，防止刀具以整个直径切削。

3）自适应铣削工序中使用轻量切削的切削模式，可以延长刀具和机床的使用寿命，以及减少整体循环时间。

4）创建自适应铣削工序在粗加工具有陡峭壁的区域时，可以使用【自下而上切削】命令来控制切削层之间的余量的去除。可确保锥壁和轮廓铣壁留下的未切削余量最小、一致且分布均匀。在切削层之间留下较少余量有助于在半精加工工序中使切削刀具的性能保持稳定。在各切削层，刀轨以较小的切削深度从该层的底部至顶部重新切削壁，从而去除过多的余量。

5）创建自适应铣削工序时，可以使用【最小曲率半径】命令来控制拐角处的刀轨。设置的最小曲率半径越大，拐角处剩余的材料就越多。

6）非切削运动可实现光顺过渡。

7）当刀具拐角半径大于刀具直径的 10% 时，自适应铣削工序可能会遗留材料未加工。

8）自适应铣削工序不适用指定切削区域几何体，可以使用修剪边界来限制切削区域。

5.1.2　自适应铣削的应用

1. 零件结构分析

如图 5-1 所示，待加工零件为飞行靶标模具的凸模，材料为 718 钢，本例使用自适应铣削对该工件进行粗加工。工件上表面留 0.5mm 加工余量，尺寸为 255mm×255mm×50.2mm。分析工件的大小，确定使用直径为 12mm 的平铣刀。

在粗加工之前，需要简化零件上的结构特征（如孔）。利用【WAVE 几何链接器】命令对零件进行简化。使用【WAVE 几何链接器】命令可以从装配中的其他部件将几何体复制到工件部件，然后通过简化零件特征，为粗加工做准备。在本例中，移除孔并简化肋板，以便得到更加合理的粗加工刀轨，如图 5-2 所示。

图 5-1　零件图　　　　　　　　　　　　　图 5-2　模型修补

2. 毛坯尺寸

毛坯尺寸的选择原则是在保证加工质量的前提下，使用尽可能小的加工余量，因为大的加工余量会影响加工效率，而加工余量过小则不能切去毛坯表面的缺陷层，综合以上因素，选择 255mm×255mm×50.5mm 的毛坯尺寸。

3. 装夹定位

结合零件形状，此箱体类零件一般以底面作为基准面来定位，这里选择通用机用虎钳装夹定位，并加载了上述毛坯几何体，如图 5-3 所示。同时可选择加载 NX 机床库里的 3 轴机床 sim01 来加工，如图 5-4 所示。在后面的操作中，为了观察方便，可将机床和夹具隐藏。

4. 创建粗加工工序步骤

1）打开零件模型文件。启动 NX 软件，单击【文件】→【首选项】→【装配加载选项】按钮，弹出【装配加载选项】对话框，设置【加载】为【从搜索文件夹】，然后设置搜索路径到本地存放零件模型文件的路径下，如 "E：\parts\adaptive…"。单击【确定】按钮，完成装配加载选项的设置。单击【打开】按钮，打开【打开】对话框，如图 5-5 所示，选择 "Adaptive_setup. prt" 模型文件，单击【OK】按钮。

2）初始化加工环境。单击【文件】→【新建】按钮，打开【新建】对话框，打开【加工】选项卡，在【单位】下拉列表中选择【mm】，在【关系】下拉列表中选择【引用现有部件】，在【模板】下拉列表中选择【常规组装】，单击【确定】按钮，创建主模型装配结构，完成加工环境的加载。

图 5-3 装夹图

图 5-4 加工机床环境

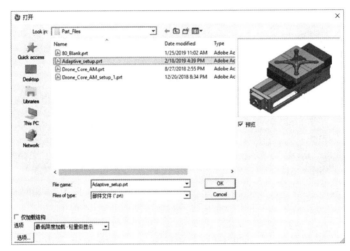

图 5-5 打开零件模型文件

3）定义机床坐标系。单击【菜单】→【格式】→【WCS】→【原点】按钮，打开【点】对话框，在【类型】下拉列表中选择【两点之间】，然后在毛坯上选择两条对边的中点，如图 5-6 所示。单击【确定】按钮。机床坐标系被移到了毛坯顶面的中心。在操作导航器中，双击机床坐标系【MCS_MILL】→【指定 MCS】，单击【坐标系对话框】按钮，打开【坐标系】对话框，在【参考坐标系】下拉列表中选择【WCS】，使加工坐标系 MCS 和机床坐标系 WCS 重合。

4）指定几何体。单击【几何视图】按钮，切换至【几何视图】导航器，在该导航器中单击【MCS_MILL】前的【+】号，展开坐标系父节点，双击其下的【WORKPIECE】，打开【工件】对话框，如图 5-7 所示。单击【指定部件】按钮，在图形编辑区中选择模芯作为部件几何体。单击【指定毛坯】，在图形编辑区中选择部件【80_Blank】作为毛坯部件。如果毛坯被隐藏，先在装配导航器中勾选【80_Blank】前面的方框。

5）创建刀具父节点。单击【机床视图】按钮，切换至机床视图导航器，单击【创建刀具】按钮，弹出【创建刀具】对话框，如图 5-8 所示。设置【名称】为【BALL_D12R1】，单击【确定】按钮，弹出【铣刀参数】对话框，刀具直径和其他参数的设置如图 5-9 所示。

刀具材料设置为 HSS，其他参数按照默认设置。打开【夹持器】选项卡，展开【库】选项组，单击【从库中调用夹持器】按钮，在弹出的【库类选择】对话框中选择夹持器类型为【Milling_Drilling】，单击【确定】按钮，在弹出的【搜索准则】对话框中单击【确定】按钮，在弹出的【搜索结果】对话框中的【匹配项】下拉列表中选择【HLD001_00015】，单击【确定】按钮。

图 5-6　定义加工坐标系

图 5-7　指定部件和毛坯

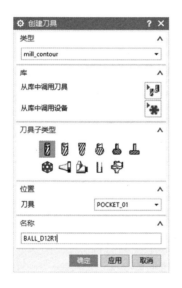

图 5-8　创建刀具

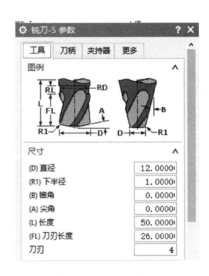

图 5-9　刀具参数设置

6）设置加工方法父节点。单击【加工方法视图】按钮，切换到【加工方法视图】导航器，双击【MILL_ROUGH】，打开【铣削粗加工】对话框，在【部件余量】文本框中输入"0.5"，在【内公差】和【外公差】文本框中分别输入【0.1】，如图 5-10 所示。单击【确定】按钮退出当前对话框。

7）创建粗加工工序。单击【创建工序】按钮，弹出【创建工序】对话框，如图 5-11所示。设置【工序子类型】为【自适应铣削】，【程序】为【1234】、【刀具】为【BALL_

D12R1】、【几何体】为【WORKPIECE】,【方法】为【MILL_ROUGH】。单击【确定】按钮,弹出【自适应铣削-【ADAPTIVE_MILLING】】对话框。

8) 设置切削参数。在【主要】选项卡中,在【刀轨设置】选项组中设置【步距】为【%刀具平直】,【平面直径百分比】为【10】,【公共每刀切削深度】为【恒定】,【最大距离】为【95】和【%刀刃长度】。在【控制】选项组设置【柱切削】为【继续自适应模式】,【自下而上切削】为【切削层之间】。因为自下而上的切削模式可以减少材料残留,使用新的最小曲率半径命令可以更好地控制拐角区域的移除。其余参数设置如图 5-12 所示。

图 5-10 定义余量和公差

图 5-11 创建工序

图 5-12 自适应铣削参数定义

9) 设置切削层。打开【切削层】选项卡,参数设置如图 5-13 所示。其他参数按照默认设置。

10）生成刀轨。在【自适应铣削_【ADAPTIVE_MILLING】】对话框中单击【生成】按钮，系统自动生成粗加工的刀轨，如图 5-14 所示。

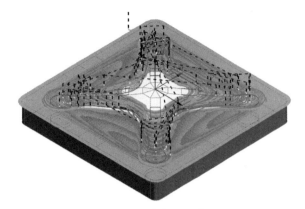

图 5-13　切削层定义　　　　　　　　　　　图 5-14　粗加工刀轨

11）进行刀轨验证，进行刀轨过切和碰撞检测。

5.2　型腔铣

5.2.1　型腔铣概述

型腔铣是以 2.5 轴操作加工形状复杂零件的粗加工方法，适用于非直壁的槽腔或轮廓，底面为平面或者曲面的零件粗加工，如模具的型芯和型腔以及其他带有复杂曲面零件的粗加工。

5.2.2　型腔铣操作特点

1）在型腔铣操作中，首先要定义工件几何体。工件几何体可以被定义为曲线、曲面、实体、片体及小面体，这些几何类型也可以定义毛坯几何体。有些几何类型一般只在特定情况下使用，因此，后续内容基本上都以"实体"为主来定义工件几何体和毛坯几何体。

2）毛坯是指将要加工的原材料。在【几何体视图】导航器中，除了用独立的几何体来定义部件毛坯外，还能以加工零件的几何为基础计算并定义毛坯，如部件的偏置、包容块、包容圆柱体、部件轮廓、部件凸包、过程工件（IPW）等。

3）用【指定切削区域】和【指定修剪边界】命令来定义要加工的范围，可以选择部件几何体的一部分，也可以选择整个部件几何体。一般情况下，型腔铣不必定义切削区域，系统将已定义的整个部件几何体作为切削区域。

4）过程工件（IPW）是系统识别先前工序遗留的材料，使先前工序的剩余材料可视化。型腔铣中可以将上一工序的 IPW 作为下一工序的输入项，即作为下个工步的毛坯。

5）型腔铣中用切削层来指定切削范围以及各范围中的切削深度。在型腔铣中，系统按照零件在不同深度的界面形状，计算各层的刀轨，其中每一层的刀轨称为一个切削层。

6）切削模式确定了加工切削区域的刀轨模式。型腔铣的【切削模式】提供了【跟随部件】【跟随周边】【轮廓】【单向】【往复】和【单向轮廓】等。

7）型腔铣的【切削顺序】分为【层优先】和【深度优先】。使用【层优先】选项对形状进行轮廓加工时，所有形状在刀具行进至下一层之前都在一层进行轮廓加工；使用【深度优先】选项时，刀具移动到下一区域之前切削单个区域的整个深度。

5.2.3 深度轮廓铣

深度轮廓铣沿着曲面轮廓的周边生成刀轨，与型腔铣的创建方法和多数参数设置都是相同的。但使用深度轮廓铣可以定义陡峭区域，一般只能用于加工陡峭的侧壁。

1. 深度轮廓铣与型腔铣的区别

与型腔铣比较，深度轮廓铣主要用于半精加工和精加工的轮廓铣削操作，不要求指定毛坯几何体。深度轮廓铣除了可以设置【顺铣】和【逆铣】外，还可以选择【混合】模式，当每层的刀轨没有封闭时，单项切削模式会产生很多抬刀，这时采用【混合】模式可避免抬刀，提高加工效率，使刀轨更加美观。另外，深度轮廓铣可以限制加工区域的陡峭程度。

2. 陡峭空间范围

使用【陡峭空间范围】选项可基于部件的陡峭度来限制切削区域，而非陡峭的区域采用另外的加工方式，两者结合，达到对工件进行完整、光顺加工的目的。部件的陡峭角度由刀轴和曲面法向之间的角度来定义，曲面法向与曲面成 90°。例如：平缓曲面的陡峭角度为 0°，而竖直壁的陡峭角度为 90°。通过陡峭角度能够确定系统何时将部件表面识别为陡峭的。当【陡峭空间范围】设置为【无】时，系统会对部件的所有切削区域进行加工；当【陡峭空间范围】设置为【仅陡峭】时，系统仅对陡峭度大于或等于指定角度的区域进行加工，如图 5-15 所示。

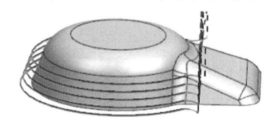

【陡峭空间范围】为【仅陡峭】，【角度】为65°

图 5-15　陡峭面示意

5.3　固定轴引导曲线铣

固定轴引导曲线铣是以空间的任一固定方向为刀轴，对零件轮廓指定加工区域并进行精加工的方法。

5.3.1　固定轴引导曲线铣的特点

通过一条或多条引导曲线来定义切削区域、切削方向和切削距离。引导曲线是开放或封闭曲线的连续链。而每条曲线起点处的箭头指向切削方向。

5.3.2　固定轴引导曲线铣的模式

采用固定轴引导曲线铣进行加工，可使用以下三种模式的刀轨：

（1）【变形】　刀轨均匀插补在两条引导曲线之间。刀轨覆盖整个切削区域，在两条引导曲线之间创建均匀插补偏置，刀轨在引导曲线之间均匀变形，如图 5-16 所示。

（2）【恒定偏置】　刀轨具有恒定步距、偏离单条引导曲线的一侧或两侧。刀轨可以在

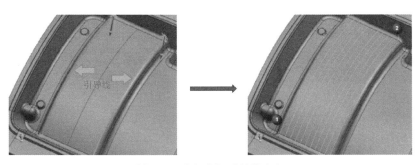

图 5-16 【变形】引导线定义

引导曲线的任一侧或两侧进行切削。需定义切削侧、切削模式、切削方向以及切削顺序和步距值，如图 5-17 所示。

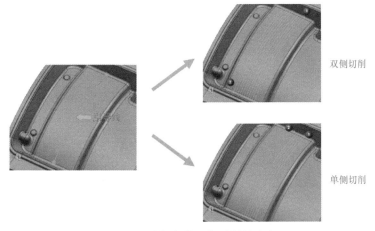

双侧切削

单侧切削

图 5-17 【恒定偏置】引导线定义

（3）【回旋赛道】 刀轨偏离单条引导曲线，使用恒定步距，并围绕曲线的端点。从单条引导线创建偏置，并围绕曲线的端点，如图 5-18 所示。

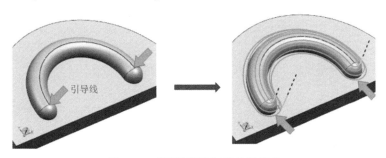

图 5-18 【回旋赛道】引导线定义

5.3.3　固定轴引导曲线铣应用

这里继续使用自适应铣削粗加工的部件为加工对象，创建固定轴引导曲线铣工序进行精加工。其具体步骤如下：

（1）打开零件模型文件　启动 NX 软件，单击【文件】→【首选项】→【装配加载选项】，弹出【装配加载选项】对话框，设置【加载】为【从搜索文件夹】，然后设置搜索路径到本地存放零件模型文件的路径下，如"E：\parts\adaptive…"，单击【确定】按钮，完成装配加载选项的设置。单击【打开】按钮，打开【打开部件文件】对话框，如图 5-19 所示。选择原始零件模型文件或者上个实例保存结果的文件"Adaptive_setup. prt"，单击【OK】按钮。

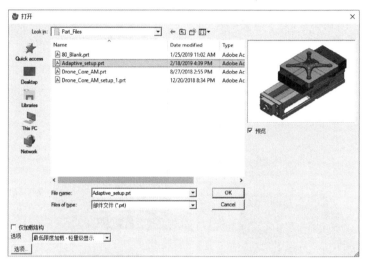

图 5-19　打开零件模型文件

（2）初始化加工环境　如果打开原始零件模型文件，参照 5.1.2 节中的相关步骤来初始化加工环境；若打开上一个实例保存的结果文件，则不需要初始化加工环境。

（3）创建程序父节点　单击【创建程序】，弹出【创建程序】对话框，如图 5-20 所示。设置【名称】为【Finishing】，单击【确定】按钮。在弹出的【程序】对话框中的【描述】文本框中可输入注释说明，单击【确定】按钮。

图 5-20　创建程序

（4）指定切削区域　单击【几何视图】按钮，切换至【几何视图】导航器。单击【创建几何】按钮，弹出【创建几何体】对话框。设置【几何体】为【WORKPIECE】，单击

【确定】按钮，弹出【铣削区域】对话框。单击【指定切削区域】按钮，弹出【切削区域】对话框，如图 5-21 所示。在图形编辑区中选择工件特征为切削区域，如图 5-22 所示。

图 5-21　指定切削区域

（5）创建刀具父节点　单击【机床视图】按钮，切换至机床视图导航器，单击【创建刀具】按钮，弹出【创建刀具】对话框。如图 5-23 所示，设置【刀具子类型】为【球头刀】，【位置】中的【刀具】为【POCKET_02】，【名称】为【BALL_D4】，单击【确定】按钮，弹出【铣刀-球头铣】对话框。设置【（D）球直径】为【4】，刀具材料设置为【HSM Carbide】，其他参数按照默认设置。打开【刀柄】选项卡，勾选【定义刀柄】选

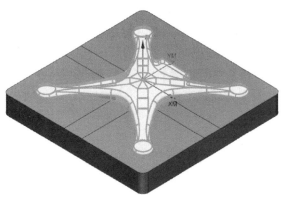

图 5-22　切削区域显示

项框，设置【（SD）刀柄直径】为【10】，【（SL）刀柄长度】为【50】，【（STL）锥柄长度】为【20】。打开【夹持器】选项卡，按照图中参数创建 3 阶夹持器，单击【确定】按钮。

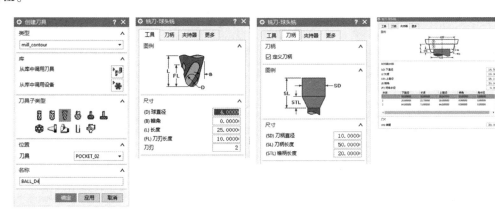

图 5-23　创建刀具

（6）创建加工方法父节点　单击【加工方法视图】按钮，切换到【加工方法视图】导航器。双击【MILL_FINISH】，打开【铣削精加工】对话框，在【部件余量】文本框中输入【0】，在【内公差】和【外公差】文本框中分别输入【0】和【0.005】，如图5-24所示。单击【确定】按钮，退出当前对话框。

图5-24　设置余量和公差

（7）创建加工工序　单击【创建工序】按钮，弹出【创建工序】对话框。设置【工序子类型】为【固定轴引导曲线】（FIXED_AXIS_GUIDING_CURVES），【程序】为【FINISHING】，【刀具】为【BALL_D4】，【几何体】为【MILL_AREA】，【方法】为【MILL_FINISH】，如图5-25所示。单击【确定】按钮，弹出【固定轴引导曲线_【FIXED_AXIS_GUIDING_CURVES】】对话框。

（8）设置工序参数　在【主要】选项卡中，设置【模式类型】为【恒定偏置】；切削侧面取决于驱动曲线的方向，保证切削区域在切削侧。单击【选择曲线】，在图形编辑区中选择封闭的驱动曲线，如图5-27所示；【切削模式】为【螺旋】，创建以螺旋方式移动的刀路，减少非切削移动；【切削方向】为【沿引导线】；【切削顺序】为【朝向引导线】；【精加工刀路】为【两者】，将在刀轨起始和终止位置加上精加工刀路；【步距】为【残余高度】；【最大残留高度】为【0.025】，其余参数按照默认设置，如图5-26所示。

图5-25　创建加工工序

图5-26　设置工序参数

（9）生成刀轨　在【固定轴引导曲线-【FIXED_AXIS_GUIDING_CURVES】】对话框中单击【生成】按钮，或者在工序导航器中用鼠标右键单击工序，单击【刀轨】→【生成】按钮，系统自动生成加工刀轨，如图 5-28 所示。

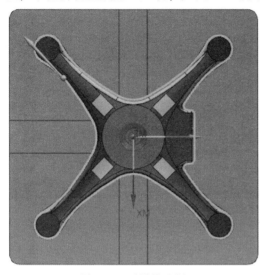

图 5-27　引导线选择

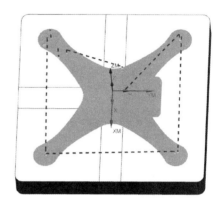

图 5-28　刀轨显示

（10）进行刀轨验证　进行刀轨过切和碰撞检测。

5.4　固定轴轮廓铣

5.4.1　固定轴轮廓铣定义

固定轴轮廓铣是系统在计算加工刀轨的过程中，刀轴固定在空间的某个方向上，这样计算的刀轨可以应用到 3 轴数控机床、某些特定的 4 轴数控机床和"3+2"加工方式的 5 轴数控机床上，形成 3 轴联动数控机床的加工操作，可在复杂形状上产生精密的刀轨，主要用于半精加工和精加工，可有效地清除粗加工铣削留下的残余材料。

5.4.2　常用固定轴轮廓铣类型

常用的固定轴轮廓铣有很多归类方式，按驱动方式可分成以下几种：

1. 曲线点（CURVE_DRIVE）

通过指定点或者曲线来定义驱动几何体。指定点时，驱动路径是指定点之间指定顺序的直线段。选择曲线时，驱动点沿着指定曲线生成，曲线可以是封闭的或开放的，可以是平面曲线或者空间曲线。

2. 区域轮廓（AREA_MILL）

默认驱动方式为区域驱动方式，可以通过陡峭容纳环来定义加工范围是平坦区域或者陡峭区域，若没有指定切削区域，则利用整个已定义的部件几何体表面为切削区域。

3. 曲面区域（CONTOUR_SURFACE_AREA）

需指定驱动几何体，一般适用于需要重新构建驱动几何体的复杂表面零件的加工。

4. 流线驱动（STREAM_LINE）

根据用户选择的流曲线和交曲线重新构建 UV 驱动面，这样将生成更均匀、整齐的驱动点，以提供更光顺的精加工。

5. 清根（FLOW_CUT）

沿着零件表面之间形成的凹角生成刀轨，系统自动确定切削方向和加工顺序。

5.4.3 区域轮廓铣特点

区域轮廓铣是固定轴轮廓铣中常用的类型，可通过陡峭容纳环将加工区域划分为平坦区域和陡峭区域，然后为不同的区域指定不同的切削模式。

（1）螺旋非陡峭切削模式 螺旋非陡峭切削模式是一种全新的切削模式，刀具以连续螺旋方式切削，用户可控制切削运动从外侧边上开始、在切削面中间结束，或者反之，从而消除了刀轨之间的步距，避免在零件表面留下切痕，从而提高精加工质量。

（2）螺旋深度加工陡峭切削模式 螺旋深度加工陡峭切削模式类似于螺旋非陡峭切削，在陡峭区域中创建刀轨时，使用深度加工切削模式可帮助消除间隙和锐刺。

使用区域轮廓铣削驱动方法创建工序时，可以在非陡峭区域中使用【刀轨光顺】选项。【刀轨光顺】选项会将刀轨中的尖角替换为径向移动。使用【刀轨光顺】选项可以最大限度地降低切削方向的突然变化，从而帮助提高刀轨的加工效率并延长刀具寿命，如图 5-29 所示。

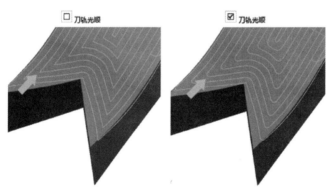

图 5-29　使用【刀轨光顺】选项的效果对比

5.5 腔体类零件加工

本节以轮胎模具型腔（图 5-30）为例，介绍固定轴铣削的步骤，按照粗加工、精加工、清角的一般加工顺序，对型腔零件进行粗、精加工竖直壁、精加工凸模、精加工中心、精加工提升面和轮辐轮边等。先使用型腔铣完成粗加工，分两把铣刀进行；先用直径较大的铣刀粗加工，再对粗加工后的毛坯（过程中工件）使用直径较小的铣刀粗加工剩下的余量。然后再进行精加工和清根操作。

轮胎模具是一个盒形腔体，材料为 P20 模具钢，尺寸为 460.20mm × 460.20mm × 99.35mm。选择 $D30mmR0.8mm$ 和 $D12mmR1mm$ 两把铣刀进行粗加工；$D6mmR1mm$ 铣刀及 $D6mm$ 球头铣刀进行竖直壁和凸模的精加工；$D4mm$ 球头铣刀进行拐角的清根操作。

（1）毛坯尺寸　毛坯预加工过，外表面皆平整。选择 460.20mm×460.20mm×99.35mm 的毛坯尺寸。

（2）装夹定位　箱体类零件一般以底面作为基准面来定位，这里选择通用机用虎钳装夹定位，并加载了上述尺寸的毛坯几何体。同时，可选择加载 NX 机床库里的 3 轴机床 sim01，如图 5-31 所示。在后面的操作中，为了观察方便，可将机床和夹具隐藏。

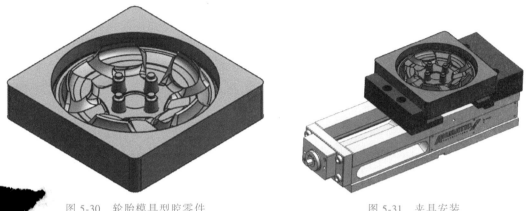

图 5-30　轮胎模具型腔零件　　　　　　　　　　图 5-31　夹具安装

（3）粗加工工序

1）打开零件的模型文件。启动 NX 软件，单击【文件】→【首选项】→【装配加载选项】按钮，弹出【装配加载选项】对话框。设置【加载】为【从搜索文件夹】，然后设置搜索路径到本地存放零件模型文件的路径下，如"E：\parts\cavity…"。单击【确定】按钮，完成装配加载选项的设置。单击【打开】按钮，打开【打开】对话框，选择"cavity_setup.prt"文件，单击【OK】按钮。

2）初始化加工环境。单击【文件】→【新建】按钮，打开【新建】对话框。打开【加工】选项卡，在【单位】下拉列表中选择【mm】，单击【常规组件】，再单击【确定】按钮，完成加工环境的加载。

3）创建程序父节点。单击【创建程序】按钮，弹出【创建程序】对话框，如图 5-32 所示。设置【名称】为【Roughing】，单击【确定】按钮。在弹出的【程序】对话框中的

图 5-32　创建程序

【描述】文本框中可输入注释说明，单击【确定】按钮。

4）定义机床坐标系。单击【几何视图】按钮，切换至【几何视图】导航器，双击机床坐标系【MCS_MILL】，打开【MCS 铣削】对话框。单击【指定 MCS】，MCS 默认位置在部件的中心，可将其移到任何合适的部位，这里移到部件的顶部中心位置。在【选择范围】下拉列表中选择【整个装配】，在【类型过滤器】下拉列表中选择【圆弧中心】，选择部件顶面上的圆弧，如图 5-33 所示。单击【确定】按钮，MCS 向上移到圆弧的中心。在【MCS 铣削】对话框中，设置【安全设置选项】为【平面】，单击选择部件的顶面，如图 5-34 所示。在弹出的【部件间复制消息】框中单击【确定】按钮，在距离框中输入【30】并按 <Enter> 键，安全平面在部件上方偏离 30mm。单击【确定】按钮，以结束【MCS 铣削】对话框设置。根据需要，单击【菜单】→【格式】→【MCS 显示】按钮，以在图形编辑区中隐藏或显示 MCS。

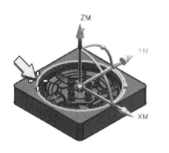

图 5-33 加工坐标系（MCS）

5）定义几何体。双击【WORKPIECE】，打开【工件】对话框。单击【指定部件】，选择零件模型作为部件，如图 5-35 所示。单击【确定】按钮，以结束【部件几何体】对话框设置。在【工件】对话框中，单击【指定毛坯】，如果没有装配毛坯几何体，可以选择【包容块】，单击【确定】按钮，以结束【毛坯几何体】对话框设置；再单击【确定】按钮，以结束【工件】对话框设置。这里如果创建了毛坯几何体，可以直接选择其作为毛坯。

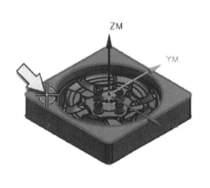
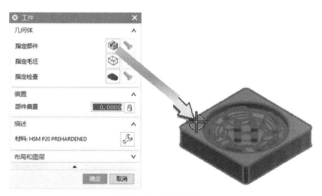

图 5-34 选择对象　　　　　　　　　　　　　　　　图 5-35 指定部件

6）定义切削区域单击【创建几何体】按钮，弹出【创建几何体】对话框。设置【几何体】为【MILL_AREA】，单击【确定】按钮，弹出【铣削区域】对话框。单击【指定切削区域】，弹出【切削区域】对话框，在图形编辑区中选择工件特征为切削区域，如图 5-36 所示。

图 5-36　定义切削区域

打开【夹持器】选项卡，单击【从库中调用夹持器】按钮，在【要搜索的类】列表中选择【Milling_Drilling】，在【库类选择】对话框中单击【确定】按钮，在【搜索准则】对话框中单击【确定】按钮，在【匹配项】列表中选择【HLD001_00007】，在【搜索结果】对话框中单击【确定】按钮，完成刀具的定义。切换到【机床视图】导航器可检查刚刚创建的刀具。此外，单击【菜单】→【首选项】→【加工】按钮，在【加工首选项】对话框中，打开【操作】选项卡。在【加工数据】选项组中勾选【在工序中自动设置】复选框，系统可根据部件材料、切削方法和刀具材料自动确定每个工序中的表面切削速度、进给量、主轴速度和切削进给率。

7）创建加工方法父节点。单击【加工方法视图】按钮，切换至【加工方法视图】导航器，双击【MILL_ROUGH】，打开【铣削粗加工】对话框。设置【部件余量】为【1】，【内公差】为【0.1】，【外公差为】为【0.1】，如图 5-37 所示。

8）创建粗加工工序。单击【创建工序】按钮，打开【创建工序】对话框，设置【类型】为【mill_contour】，【工序子类型】为【型腔铣】，如图 5-38 所示。单击【确定】按钮。

图 5-37　余量与公差设置

图 5-38　创建工序

9）设定切削参数。在【型腔铣】对话框中，设置【步距】为【%刀具平直】；在【平面直径百分比】文本框中输入【20】；设置【公共每刀切削深度】为【恒定】；在【最大距离】文本框中输入【3】。

10）生成加工刀具轨迹。单击【生成】按钮，生成加工刀轨。系统计算出的刀轨如图 5-39 所示。

11）过切检查。在工序导航器中选择本工序，单击鼠标右键，在打开的快捷菜单中单击【刀轨】→【过切检查】按钮，打开【过切检查】对话框，单击【确定】按钮，系统开始检查。

图 5-39　刀轨显示

（4）半精精工　创建剩余铣工序以粗加工多出的余量。

1）创建半精加工程序父节点。创建刀具 BALL_D12R1，单击【创建刀具】按钮，打开【创建刀具】对话框，设置【刀具子类型】为【MILL】；在【刀具】下拉列表中选择【POCK-ET_02】；在【名称】文本框中输入【BALL_D12R1】，单击【确定】按钮。打开【刀柄】选项卡，勾选【定义刀柄】复选框，输入【(SD) 刀柄直径】为【25】，【(SL) 刀柄长度】为【50】，【(STL) 锥柄长度】为【20】。打开【夹持器】选项卡，单击【从库中调用夹持器】按钮，类似上把刀具刀柄的创建过程，从匹配项列表中选择【HLD001_00006】，在【搜索结果】对话框中单击【确定】按钮，再单击【确定】按钮，完成刀具定义。

2）创建半精加工。打工【创建工序】对话框，设置【工序子类型】为【剩余铣】。剩余铣是型腔铣的一个子类型，默认过程中打开工件（IPW），选择其他父节点，如从【步距】列表中选择【90 刀具平直】，在【平面直径百分比】框中输入【20】，确保【公共每刀切削深度】列表中选择【恒定】，在【最大距离】框中输入【1】，单击【生成】按钮，生成刀轨，接下来可做除料仿真以及过切检查。

（5）深度轮廓铣　对重点并且有明显特点的区域做深度的轮廓清理。

1）创建程序父节点（方法同前）。

2）创建刀具父节点。单击【创建刀具】按钮，设置【刀具子类型】为【BALL_MILL】，在【刀具】下拉列表中选择【POCKET_03】，在【名称】文本框中输入【BALL_6】，单击【确定】按钮。在【铣刀-球头铣】对话框中，打开【刀柄】选项卡，勾选【定义刀柄】复选框，如图 5-40 所示。

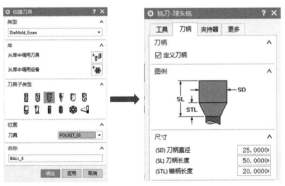

图 5-40　创建刀具

3）创建各轮廓精加工铣工序。

① 加工较深的大圆侧壁和连接底部的环状面。

创建【固定轴引导曲线】工序，选用【恒定偏置】驱动模式、【螺旋】切削方式、【步距】为【残余高度】和【0.01mm】的【最大残余高度】，保证加工精度。具体参数设置如图 5-41 所示。单击【生成】按钮，刀轨如图 5-42 所示。

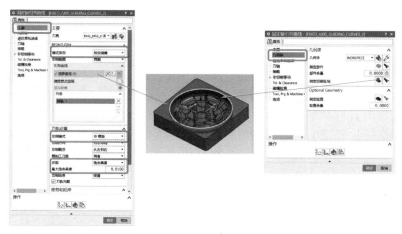

图 5-41　大圆侧壁加工参数设置

② 加工 5 个提升面顶部区域。

由于该顶部形状是旋转面的一部分，因此接近旋转面旋转方向的刀轨符合面的构成趋势。创建【固定轴引导曲线】工序，选取圆弧为【恒定偏置】驱动模式的引导曲线，选择【往复】切削方式、【步距】为【残余高度】和【0.01mm】的【最大残余高度】，保证加工精度。具体参数设置如图 5-43 所示。单击【生成】按钮，刀轨如图 5-44 所示。

图 5-42　加工大圆侧壁刀轨

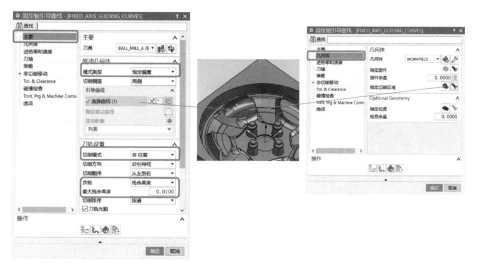

图 5-43　提升面顶部区域加工参数设置

③ 加工 5 个提升面侧壁区域。

创建【深度轮廓铣】工序（即等高切削法）来保持刀
具在加工过程中的 Z 轴位置的恒定，分层逐步由高到低地
加工侧壁，可以保持较高的加工速度，达到高速加工的目
的。在【切削层】选项卡中，设置【公共每刀切削深度】
为【残余量高度】，保证侧壁加工精度；【最大残余高度】
为【0.01】。具体参数设置如图 5-45 所示。单击【生成】
按钮，刀轨如图 5-46 所示。

④ 加工 5 个提升面间的凹槽。

与提升面顶部加工方法近似，创建【固定轴引导曲线】
工序，选取【变形】驱动模式、【往复】切削方式、【步
距】为【残余高度】和【0.01mm】的【最大残余高度】，保证加工精度具体参数设置如
图 5-47 所示。单击【生成】按钮，刀轨如图 5-48 所示。

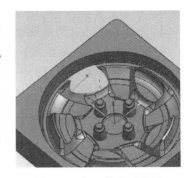

图 5-44 加工提升面顶部
区域刀轨

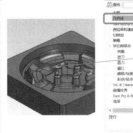

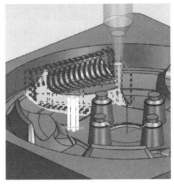

图 5-45 提升面侧壁加工参数设置

图 5-46 加工提升面侧壁
区域刀轨

图 5-47 加工提升面间凹槽参数设置

以上加工 5 个提升面及其周边型面都可以用刀轨的阵列方式，引用对应加工工序到其他
形状相同的区域上，同时达到加工编程的目的，且与原始工序相关联，一旦对原始工序进行
某些加工参数的改变时，能同步更新其他阵列的刀轨。

⑤ 加工 4 个圆柱凸台。

创建【固定轴引导曲线】工序，使用【恒定偏置】驱动模式、【螺旋】切削方式、【步距】为【残余高度】和【0.01mm】的【最大残余高度】，保证加工精度。具体参数设置如图 5-49 所示。单击【生成】按钮，刀轨如图 5-50 所示。

⑥ 进行刀轨阵列操作，加工其他 3 个凸台（过程略）。

⑦ 加工中间区域。

创建【固定轴引导曲线】工序，使用【恒定偏置】驱动模式、【螺旋】切削方式、【步距】为【残余高度】和【0.01mm】的【最大残余高度】，保证加工精度。具体参数设置如图 5-51 所示。单击【生成】按钮，刀轨如图 5-52 所示。

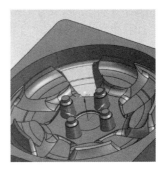

图 5-48　加工提升面
间凹槽刀轨

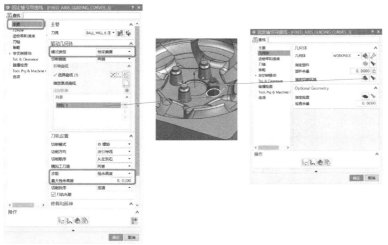

图 5-49　加工圆柱凸台参数设置

图 5-50　圆柱凸台刀轨

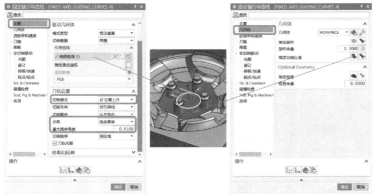

图 5-51　加工中间区域参数设置

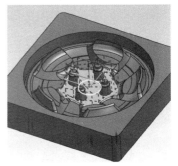

图 5-52　加工中间区域刀轨

对 5 个提升面及其周边型面形成的交界做清根加工，选取【BALL_MILL_2.5】刀具对 6mm 直径的刀具在交界处加工遗留的残余材料进行清根操作。

（6）创建【清根参考刀具】工序　打开【创建工序】对话框，具体参数设置如图 5-53

所示。单击【确定】按钮，进入【清根参考刀具 _
〔FLOWCUT_REF_TOOL_1〕】对话框。

以【参考刀具】选项定义清根范围，区分陡峭与非
陡峭区域后分别用不同形式的刀轨进行加工，保证高速
加工。在【非陡峭切削】选项组中，【步距】选项用来
设置加工精度；而【陡峭切削】选项组中，则用【深度
加工每刀切削深度】选项来设置加工精度，具体参数设
置如图 5-54 所示。单击【生成】按钮，刀轨如图 5-55
所示。

旋转阵列刚生成的刀轨，生成其他相同区域的刀
轨。这样就完成所有内腔型面的精加工刀轨程序的
编制。

图 5-53　创建清根加工工序

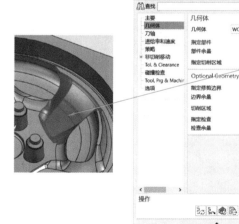

图 5-54　清根加工参数设置

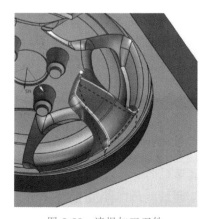

图 5-55　清根加工刀轨

5.6　多轴加工

多轴加工就是在加工一个曲面时，为了避免干涉、尽可能地去除余量或者得到更高的表面加工质量，需要保持加工的刀具与被加工面之间具有一定的约束条件，这样就形成了刀具轴向在加工空间中的连续变化，对应的是机床上不同旋转轴的不同角度的变化，形成了所谓的多轴加工。

多轴加工作为一种特定的加工方式，应该尽量保持刀轴在空间变动均匀且小摆幅的基本原则，这样加工的效率最高，机床的运动相对更安全。

5.6.1　多轴粗加工

多轴粗加工在尽可能短的时间内能够去除尽可能多的材料，并确保精加工工序的加工余量均匀。在粗加工、二次粗加工、半精加工和精加工的整体过程中，通过 5 轴铣削使刀具的加工范围增加，减少或消除了二次粗加工，甚至是半精加工的操作，因此整体的加工效率大大提升。

与 3 轴粗加工相比，5 轴粗加工去除闭角区域的材料更加干净，如图 5-56 所示。

5 轴粗加工与 3 轴粗加工切削参数对比见表 5-1。

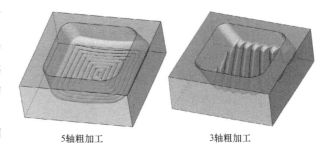

图 5-56　5 轴粗加工与 3 轴粗加工刀轨对比

表 5-1　5 轴粗加工和 3 轴粗加工切削参数比较

切削参数	5 轴粗加工	3 轴粗加工
剩余量(%)	1.9	11.8
最小刀具长度/mm	35	44
最大残料高度/mm	1.6	5.1
残料高度的标准偏差/mm	0.24	0.93

5 轴粗加工与 3 轴粗加工的切削效率对比见表 5-2。

表 5-2　5 轴粗加工与 3 轴粗加工切削效率比较

切削效率	5 轴粗加工	3 轴粗加工	3 轴粗加工(优化)
加工时间	9min35s	5min44s	20min4s
剩余量(%)	1.9	11.8	3.8
材料去除率/(%/s)	0.17	0.26	0.08

注意：表 5-1 和表 5-2 中的具体数据是在特定的条件下获得的，仅供参考。

5.6.2 多轴半精加工与精加工

半精加工与精加工是使零件符合加工要求的最后工序,其完成度直接影响加工质量。因此,需要考虑的因素比较多,如形体的贴合度、各种干涉情况的避免、刀轴变化对零件精度与表面粗糙度的影响等。掌握编程对刀轴的控制和插值精度的把控,以及余量的设定尤为重要。

1. 加工准备

打开模型文件"05-5axis. prt",指定毛坯几何体并加载机床。

进入加工模块,打开【加工环境】对话框,设置【要创建的 CAM 组装】为【mill_multi-axis】。

首先定位加工坐标系 MCS。单击【工序导航器】按钮 [图标],再单击【几何视图】按钮 [图标];双击【MCS】 [图标],打开【MCS】对话框,选择孔的底部圆心处放置加工坐标系,以便于在机床上校准,如图 5-57 所示。

双击【WORKPIECE】,打开【工件】对话框指定部件、毛坯和夹具(检查)几何体,如图 5-58 所示。

图 5-57 加工坐标系设置

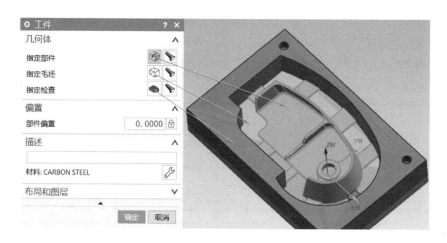

图 5-58 指定部件、毛坯和夹具

2. 创建两把刀具

单击【创建刀具】按钮 [图标],设置【刀具子类型】为【MILL】 [图标],在【名称】文本框中输入【EM-15-3CR】,单击【确定】按钮,打开【铣刀-5 参数】对话框,具体参数设置如图 5-59 所示。

按上述步骤创建第二把刀具 EM-8-1CR,具体参数设置如图 5-60 所示。

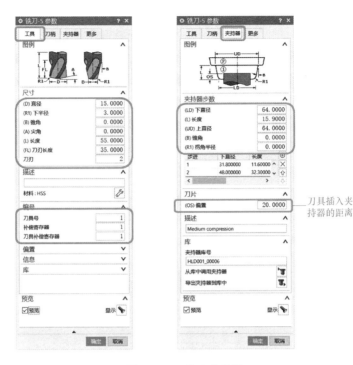

刀具插入夹
持器的距离

图 5-59 刀具参数设置

刀具插入夹
持器的距离

图 5-60 刀具参数设置

3. 安装部件

将零件放置到机床上,本例将加载一台双转台立式机床(加载其他结构的机床方法相同)。

在【工序导航器-机床】中，双击【GENERIC_MACHINE】，打开【通用机床】对话框。单击【从库中调用机床】按钮，在【要搜索的类】列表中选择【MILL】，单击【确定】按钮；在【匹配项】列表中选择【sim08_mill_5ax_sinumerik】，单击【确定】按钮。

为了将零件底部中心位置放置在机床的中心，需要在【定位】下拉列表中选择【使用部件安装联接】，单击【指定部件安装联接】按钮，选择底边中点，如果无法选择，请检查选择范围是否为【整个装配】，如图 5-61 所示。

图 5-61　部件安装设置

将工作坐标系原点移到部件中心（沿 YC 方向移 58mm），如图 5-62 所示。单击【确定】按钮，安装效果如图 5-63 所示。再单击【确定】按钮，完成安装部件的设置。

编程时为了操作界面清晰，先将机床隐藏。打开【装配导航器】选项卡，用鼠标右键单击【sim08_mill_5ax】，在快捷菜单中选择【隐藏】。

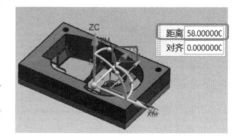

图 5-62　移动工作坐标系

4. 编制内壁半精加工程序

单击【创建工序】按钮，设置【工序子类型】为【外形轮廓铣】，其余参数设置如图 5-64 所示。单击【确定】按钮，弹出【外形轮廓铣-【CONTOUR_PROFILE_1】】对话框。

分别单击【指定底面】【指定壁】，指定底面与壁面；为了使刀轨在这个凸台面延伸段中的刀路规范，还需要定义一个辅助底面作为衬托，勾选【自动生成辅助底面】，设置【距离】为【1】，如图 5-65 所示。

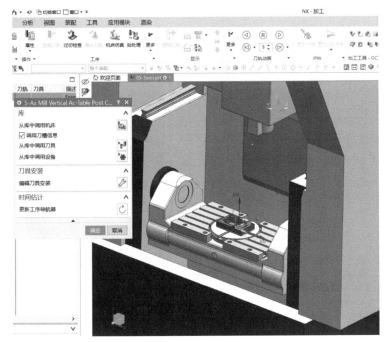

图 5-63　部件安装效果　　　　　　　　　　图 5-64　创建工序

其次，在半精加工过程中需要考虑递进靠到被加工侧壁上，所以单击【切削参数】按钮 ，设定多层参数，具体参数设置如图 5-66 所示。

图 5-65　指定底面和壁面　　　　　　　　　　图 5-66　切削参数设置

单击【非切削移动】按钮 ，设置非切削移动。为了提高加工的平顺性，可以调整非切削移动的光顺性，具体参数设置如图 5-67 所示。

单击【生成】按钮 ，计算加工刀轨，如图 5-68 所示。

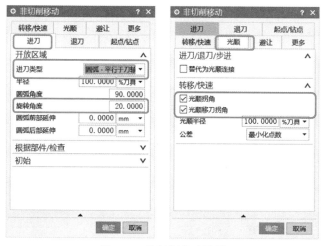

图 5-67　非切削移动设置

图 5-68　内壁半精加工刀轨

5. 编制内壁精加工程序

在【工序导航器】中复制【CONTOUR_PROFILE_1】工序并粘贴，修改名称为【CONTOUR_PROFILE_2】。双击该工序，进入编辑状态。取消勾选【自动生成辅助底面】复选框；在对话框中的【刀轨设置】选项组中，设置【方法】为【MILL_FINISH】，如图 5-69所示。

单击【切削参数】按钮 ，取消勾选【多条侧刀路】复选框，如图 5-70 所示。单击【生成】按钮 ，生成精加工刀轨。

图 5-69　精加工参数设置

图 5-70　切削参数设置

为了验证程序的安全性，将对内壁精加工工序进行机床仿真。打开【装配导航器】选项卡，用鼠标右键单击【sim08_mill_5ax】，在快捷菜单中选择【显示】。打开【工序导航器】选项卡，选择【CONTOUR_PROFILE_1】，按住<Shift>键，然后选择【CONTOUR_PROFILE_2】。单击【机床仿真】按钮，在功能区中单击【播放】按钮，即可观看机床的连续运转状况；还可以检查在编程中的参数是否存在缺失或不合理的状况，以便修改，完善加工程序。

如图 5-71 所示，当仿真模式切换成【基于机床代码】方式时，仿真就完全符合机床在加工状态下的运动，当虚拟机床和真实机床运动一致后，这时后处理的 G 代码可以直接被机床使用。

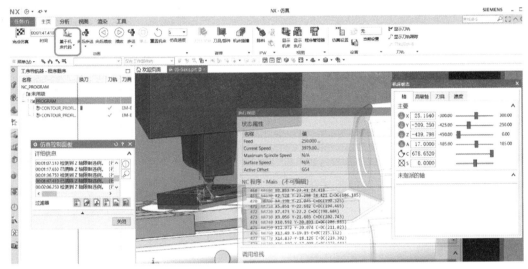

图 5-71　加工仿真

如图 5-72 所示，以加工一个零件的内壁、外壁与外壁圆角为例介绍精加工方法。

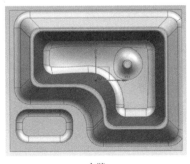

内壁

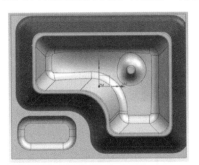

外壁与外壁圆角

图 5-72　加工零件内壁、外壁与外壁圆角

打开文件 "05_5axis_finish.prt"，编制外壁与壁形圆角加工程序。单击【创建工序】按钮，设置【工序子类型】为【可变轮廓铣】，其余参数设置如图 5-73 所示。单击【确定】按钮，进入【可变轮廓铣-【VARIABLE_CONTOUR】】对话框。

单击【指定切削区域】按钮，选择图 5-74 所示的区域为切削区域。

如图 5-75 所示，在【驱动方法】选项组中的【方法】下拉列表中选择【曲面区域】，单击【编辑】按钮 ✎。设置【指定驱动几何体】和【切削方向】，检查【材料方向】是否指向外侧；将【切削模式】设置为【螺旋】，这样表面没有接刀痕，提高了表面加工质量；设置【步距】为【残余高度】，【最大残余高度】为【0.01】；单击【确定】，按钮，完成驱动方法的设置。

图 5-73　创建工序

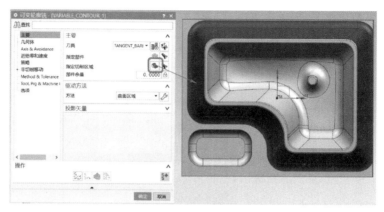

图 5-74　选择切削区域

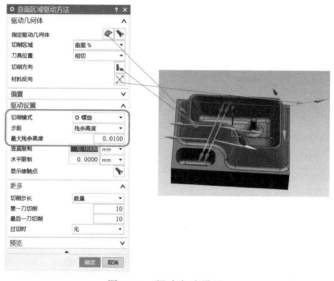

图 5-75　驱动方法设置

设置【刀轴】选项组，具体的参数设置如图 5-76 所示。

至此，加工对象（加工区域）与刀轴控制方法均完成设置，这是 5 轴加工编程的两大要素，是其关键所在。当然主轴转速和刀具进给都是要进行设置的。

单击【生成】按钮 ⬚，生成外壁加工刀轨，如图 5-77 所示。

创建外壁圆角的清根程序。由于对外壁进行的是 5 轴加工，在外壁与底平面相交的根部衔接处会残留余量，需要进行清根加工。

打开【创建工序】对话框，设置【可变引导曲线】为【工序子类型】，【刀具】使用【BALL_MILL】，其余参数设置如图 5-78 所示。单击【确定】按钮，进入【可变引导曲线】-【VARIABLE_AXIS_GUIDING_CURVES_1】对话框。

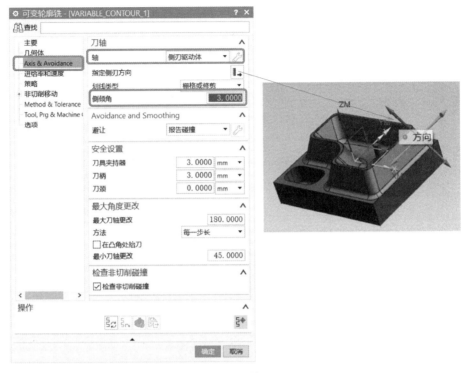

图 5-76　刀轴设置

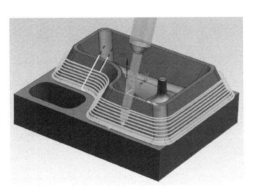

图 5-77　外壁加工刀轨

图 5-78　创建工序

　　如图 5-79 所示，设置【指定切削区域】为外壁圆角，【模式类型】为【变形】；选择圆角的上下两条边为【导轨 1】和【导轨 2】；设置【切削模式】为【往复上升】，这样可减少刀具对圆角面加工时的横向切痕；设置【步距】为【残余高度】，【最大残余高度】为【0.01】，满足表面加工精度。

　　打开【Axis & Avoidance】选项卡，设置【类型】为【绕轴插补】，弹出【绕轴插补】对话框。按图 5-80 所示完成参数设置，单击【确定】按钮。

　　单击【生成】按钮，生成外壁圆角精加工刀轨，如图 5-81 所示。

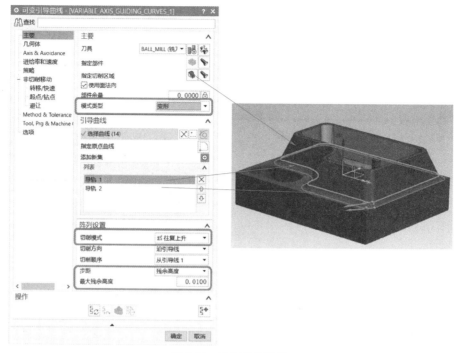

图 5-79　工序参数设置

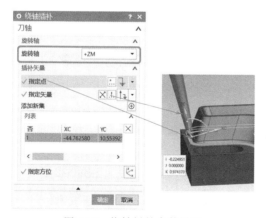

图 5-80　绕轴插补参数设置

图 5-81　外壁圆角精加工刀轨

5.7 管道（封闭型腔内壁）加工

在实际加工中会碰到具有复杂形状的曲面型腔加工，如发动机的气缸盖。发动机气缸盖铸造完成后需要对进、排气管道进行加工，确保管道内表面光滑，提升进、排气效率。本节将介绍气缸盖进、排气管道加工工序。

图 5-82 所示，待加工材料为灰铸铁，加工区域为 8 根进、排气管道，管道内部为不规则封闭曲

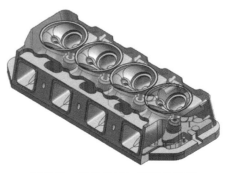

图 5-82　发动机气缸盖零件模型

面，且管道内部有气门座，若使用传统变轴轮廓铣，将使加工变得十分复杂、繁琐。针对封闭复杂曲面，将针对选择加工部件和切削区域以及满足加工要求，分别介绍各阶段的加工步骤，以生成可靠的刀路。

5.7.1　管道粗加工

启动 NX 软件，打开模型文件"管道加工.prt"，进入加工环境。

待加工的气缸盖的进、排气管道排列具有一定的尺寸规律，只需对一组进、排气管道进行加工编程，完成后对生成的刀路按距离进行复制即可。这里选取右下角的一对管道进行加工。

单击【菜单】→【格式】→【图层设置】按钮，将图层 2 和图层 3 激活，可以看到在气缸盖进、排气管道出、入口边缘有 4 张延伸片体，如图 5-83 所示加工辅助面。

打开【工序导航器-几何】视图，选择【MILL_AREA_1】节点，可以看到在该切削区域两张延伸面也被选中，这样做可以保证刀路从管道出、入口外部开始加工，以避免过切。

创建管道粗加工工序如下

1）单击【创建工序】按钮，打开【创建工序】对话框。设置【类型】为【mill_multi-axis】，【工序子类型】为【管道粗加工】，如图 5-84 所示。继续设置【程序】为【1234】，【刀具】为【SPHERICAL_MILL_D6】，【几何体】为【MILL_AREA_1】，【方法】为【MILL_ROUGH】，在【名称】文本框中输入【TUBE_ROUGH_1】，单击【确定】按钮，进入【Tube Rough-【TUBE_ROUGH】】对话框。

图 5-83　加工辅助面

图 5-84　创建工序

2）如图 5-85 所示，在【主要】选项卡中，除了定义切削区域外，还可以定义中心曲线，该选项可以控制每一切削层的方向（在光顺刀路前，切削层总垂直于中心曲线）；确定退刀路径；定义管道的出入口。本例中的进、排气管道没有分支，不需要定义中心曲线。若读者使用 NX1872 以上版本，则可以在定义切削区域后，进入【定义中心曲线】对话框，使用【创建中心曲线】命令，让系统生成，以节省时间。

3）在【驱动设置】选项组中，将【最大步距】和【最大每刀切削深度】均设置为【1.5】。

4）在【策略】选项卡中，分别将【Extend

图 5-85　第一次粗加工参数设置

Path-Entry Side】和【Extend Path-Exit Side】的【边压沿%】设置为【100】。

5）单击【生成】按钮，生成管道粗加工刀轨，如图5-86所示。

6）在工序导航器中选择新创建的【TUBE_ROUGH_1】工序，单击鼠标右键，在快捷菜单中选择【复制】，粘贴在【TUBE_ROUGH_1】工序下，重命名为【TUBE_ROUGH_2】。

7）编辑【TUBE_ROUGH_2】工序，在【几何体】选项卡中将【MILL_AREA_1】改为【MILL_AREA_2】。

8）单击【生成】按钮，生成第二次粗加工刀轨，如图5-87所示。

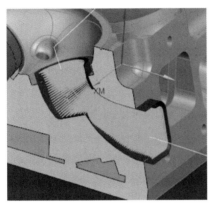
图 5-86　管道第一次粗加工刀轨

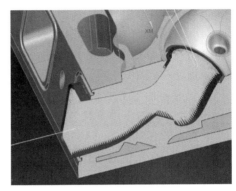
图 5-87　管道第二次粗加工刀轨

至此，进、排气管道粗加工工序设置完成，接下来进行进、排气管道的精加工工序设置。

5.7.2　管道精加工

创建管精加工工序如下：

1）单击【创建工序】按钮，打开【创建工序】对话框，设置【类型】为【mill_multi-axis】，【工序子类型】为【管精加工】，如图5-88所示。继续设置【程序】为【1234】，【刀具】为【SPHERICAL_MILL_D6_FINISH】，【几何体】为【MILL_AREA_1】，【方法】为【MILL_FINISH】。在【名称】文本框中输入【TUBE_FINISH_1】。

单击【确定】按钮，进入【Tube Finish-【TUBE_FINISH_1】】对话框，如图5-89所示。

图 5-88　创建工序

图 5-89　【Tube Finish-【TUBE_FINISH_1】】对话框

2）打开【策略】选项卡，分别将【Extend Path-Entry Side】和【Extend Path-Exit Side】的【边压沿%】设置为【100】。

3）打开【Stock, Tol. & Cut Step】选项卡，将【内公差】和【外公差】设置为【0.01】。

4）打开【生成】按钮，生成进、排气管道第一次精加工刀轨，如图 5-90 所示。

5）在工序导航器中选择新创建的【TUBE_FINISH_1】工序，单击鼠标右键，选择【复制】，粘贴在【TUBE_FINISH_1】工序下，重命名为【TUBE_FINISH_2】。

6）编辑【TUBE_FINISH_2】工序，在【几何体】选项卡中将【MILL_AREA_1】改为【MILL_AREA_2】。

7）单击【生成】按钮，生成进、排气管道第二次精加工刀轨，如图 5-91 所示。

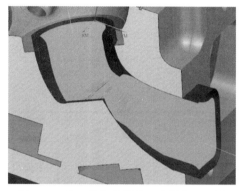 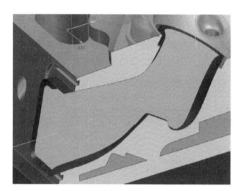

图 5-90　进、排气管道第一次精加工刀轨　　　　图 5-91　进、排气管道第二次精加工刀轨

5.8　叶轮加工

叶轮加工是 5 轴加工的一个典型案例。叶片均匀分布在轮毂上，是压缩机与增压器的主要零部件。加工这类零件主要考虑的是零件的精度，即叶片轮廓的精度，这是加工叶轮零件的首要任务，其次就是保证叶片分布均匀，即叶片在加工完成后能使整个叶轮保持动平衡，这也是保证叶轮加工质量的关键。

叶轮在几何形状上大致可以分为叶片轮毂、叶冠、叶片、叶根圆角和分流叶片，如图 5-92 所示。

叶轮根据其不同的用途，可以分为开式叶轮与闭式叶轮。下面介绍如何编制开式叶轮的加工工序。

图 5-92　叶轮几何要素分类

1—叶片轮毂　2—叶冠　3—叶片

4—叶根圆角　5—分流叶片

5.8.1　叶轮粗加工

叶轮粗加工应该遵循高效的原则，在最短的时间内去除最多的材料。一般这类开式叶轮都会有车削成型的毛坯，如图 5-93 所示。

1. 定义几何体

打开文件 "05-叶轮 . prt"，在【工序导航器-几何】视图中双击【WORKPIECE】，如

图 5-94 所示。弹出【工件】对话框,如图 5-95 所示。单击【指定部件】按钮 ,选择被
加工叶轮,如图 5-96 所示。单击【材料:CARBON STEEL】处的按钮 🔧,选择【库号】为
【MAT0_02100】,指定铝材作为叶轮的材料。

图 5-93 开式叶轮毛坯

图 5-94 【工序导航器-几何】视图

图 5-95 【工件】对话框

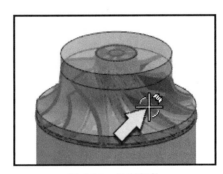

图 5-96 指定部件

2. 定义毛坯

在【工件】对话框中单击【指定毛坯】按钮 ⬡,选择图 5-97 所示几何体为毛坯。单击
【确定】按钮,关闭【工件】对话框。

3. 定义叶片几何体

如图 5-98 所示,双击【MULTI_BLADE_GEOM】,打开【多叶片几何体】对话框,开始
叶片的几何体定义。单击【指定轮毂】按钮 ⚓,选择图 5-99 所示轮毂面,单击【指定包覆】

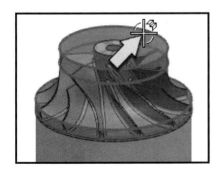

图 5-97 指定毛坯

图 5-98 【工序导航器-几何】视图

按钮 ，选择叶片边缘上的面，如图 5-100 所示。

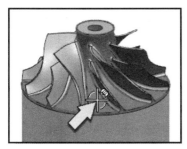

图 5-99　指定轮毂

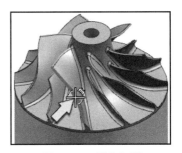

图 5-100　指定包覆

单击【指定叶片】按钮 ，选择指定叶冠处的叶片表面，如图 5-101 所示。

单击【指定叶根圆角】按钮 ，选择指定叶片根部的圆角面，如图 5-102 所示。

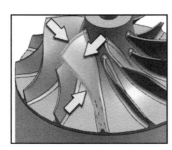

图 5-101　指定叶片

图 5-102　指定叶根圆角

单击【指定分流叶片】按钮 ，在指定叶片右侧的分流叶片上，选择图 5-103 所示的三个面。

单击【选择圆角面】按钮 ，选择定义了相同分流叶片圆角的三个面，如图 5-104 所示。

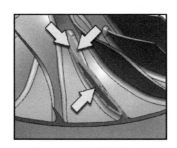

图 5-103　指定分流叶片

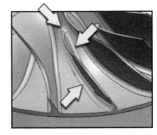

图 5-104　指定分流叶片圆角

在【叶片总数】文本框中输入【6】，如图 5-105 所示。至此，完成叶轮几何体的设置。

4. 创建刀具

单击【创建刀具】按钮 ，打开【创建刀具】对话框。在【名称】文本框中输入【ball_mill_7】，设置【工序子类型】为【BALL_MILL】 ，如图 5-106 所示。单击【确定】

按钮，设置【（D）球直径】为【7】，【（B）锥角】为【0】，【（L）长度】为【70】，【（FL）刀刃长度】为【40】。单击【确定】按钮，完成第一把刀具创建。

打开【创建刀具】对话框，以同样的方法创建第二把刀具，在【名称】文本框中输入【ball_mill_4_6】，单击【确定】按钮，设置【（D）球直径】为【4】，【（B）锥角】为【6】，【（L）长度】为【50】，【（FL）刀刃长度】为【25】。

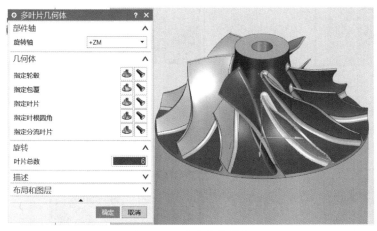

图 5-105　叶片总数设置

图 5-106　创建刀具

打开【刀柄】选项卡，勾选中【定义刀柄】复选框，设置【（SD）刀柄直径】为【14】，【（SL）刀柄长度】为【45】，【（STL）锥柄长度】为【0】。

打开【夹持器】选项卡，设置【（LD）下直径】为【28】，【（L）长度】为【45】，【（B）锥角】为【12】，系统将根据这些值自动计算并填入【上直径】。在【（OS）偏置】文本框中输入【20】，定义夹持刀具的长度为20mm。

5. 创建工序

打开【创建工序】对话框，设置【类型】为【mill_multi_blade】，【工序子类型】为【叶轮粗加工】 ，【程序】为【1234】，【刀具】为【BALL_MILL_7】，【几何体】为【MUTI_BLADE_GEOM】，【方法】为【MILL_ROUGH】。单击【确定】按钮，进入【Impeller Rough-【IMPELLER_ROUGH】】对话框。

确定【深度模式】为【从轮毂偏置】的切削方法，这里以轮毂面为依据，向下生成等距分布的刀轨，进行分层切削。在【主要】选项卡中，设置【刀具】为【BALL_MILL_7】，【深度模式】为【从轮毂偏置】，距离为【100%刀具直径】，如图5-107所示。

单击【生成】按钮 ，生成叶轮粗加工刀轨，如图5-108所示。

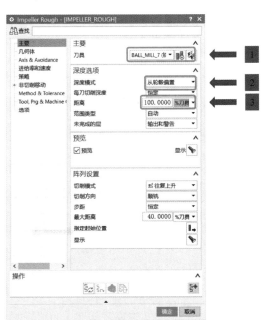

图 5-107　叶轮粗加工参数设置

如图 5-109 所示，在【刀轨可视化】对话框中，打开【3D 动态】选项卡，单击【播放】按钮，观察刀具运动过程中材料去除的变化情况，以此来确定刀轨是否合理和材料的余留情况。

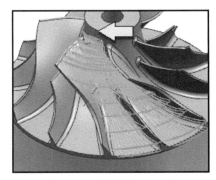

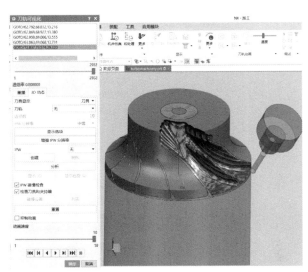

图 5-108　叶轮粗加工刀轨　　　　　　　　　图 5-109　刀轨验证（一）

从结果看，毛坯上出口端还有较多的余量，因此还要对它进行处理。一般情况下，对现有刀轨的上端进行延伸是最方便的手段，即刀轨的径向延伸；考虑到旋转流道加工是分别执行的情况，相邻加工区域还需要有一定的搭接来消除余量的残留，因此还要延伸刀轨来实现。

在本例中，修改【策略】选项卡中参数，在【径向延伸】文本框中输入【150】；在【切向延伸】文本框中输入【25】，如图 5-110 所示。修改完【策略】参数后的结果如图 5-111 所示。对比图 5-109 中的切削结果，可以看出与出口端的效果存在差别。

但从加工效率的角度来看，这个分层切屑方式的效率不高；分析流道的加工特点，不难看出类似于开槽的方式效率会更高一点，但是受限于刀具在流道中摆动加工的幅度范围，其摆动角度不宜过大，在开槽一定深度后，刀轨再同层扩展至两侧叶片面，这样往复下去直至轮毂，因此，刀轨的路径最短，加工时间也就会大大减少。基于这样的考虑，可以来调整【策略】实现这个想法。具体参数设置如图 5-112 所示。

5.8.2　轮毂精加工

对于轮毂的精加工要考虑的是如何满足轮毂工作状态下的功能要求，即气流流动顺畅，这样可以大大降低功率的消耗，达到节能的目的。这是加工符合设计的体现。在本例中，继续创建轮毂的加工工序。

单击【创建工序】按钮，打开【创建工序】对话框。设置【工序子类型】为【轮毂精加工】，【程序】为【1234】，【刀具】为【BALL_MILL_7】，【几何体】为【MULTI_BLADE_GEOM】，【方法】为【MILL_FINISH】。单击【确定】按钮，进入【Blisk Hub Finish-［BLISK_HUB_FINISH］】对话框。

图 5-110 加工【策略】修正

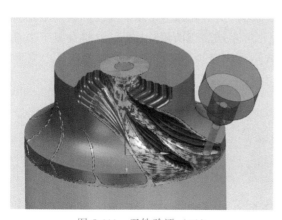

图 5-111 刀轨验证（二）

图 5-112 【策略】调整

在【策略】选项卡中，设置【前缘】和【后缘】选项组中的参数，如图 5-113 所示。
在【主要】选项卡中，设置【切削模式】为【往复上升】，如图 5-114 所示。

图 5-113 加工【策略】设置   图 5-114 设置【切削模式】

单击【生成】按钮，生成轮毂精加工刀轨，如图 5-115 所示。观察刀轨，同时观察轮毂前、后缘加工的情况。这里轮毂加工需要考虑的是其前、后缘刀轨的流道性覆盖。

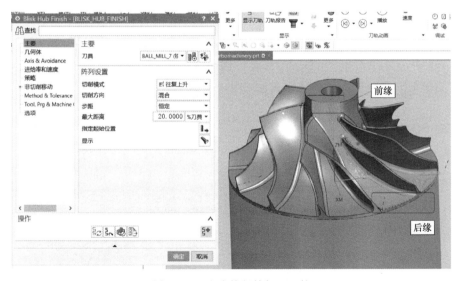

图 5-115 生成轮毂精加工刀轨

5.8.3 叶片精加工

叶片精加工应保证叶片的精度和光洁度达到加工要求。在本例中，继续创建叶片的加工工序。

单击【创建工序】按钮 ，打开【创建工序】对话框。设置【工序子类型】为【叶片精加工】 ，【程序】为【1234】，【刀具】为【BALL_MILL_4_6】，【几何体】为【MULTI_

BLADE_GEOM】，【方法】为【MILL_FINISH】。单击【确定】按钮，打开【Blisk Blade Finish-[BLISK_BLADE_FIN-ISH]】对话框。

在【主要】选项卡中，设置【深度选项】选项组中的【每刀切削深度】为【残余高度】，【残余高度】为【0.01】；设置【要切削的面】为【左面、右面、前缘】；【切削方式】为【单向】，如图 5-116 所示。

单击【生成】按钮，生成叶片精加工刀轨并查看。

这里的【残余高度】是相邻两刀轨之间形成的残余高度值。【单向】的切削方式是为了提高叶片表面的光顺性。

5.8.4 叶片清根处理

在必要时，对叶片与轮毂根部做清根处理。

单击【创建工序】按钮，打开【创建工序】对话框。设置【工序子类型】为【叶根圆角精加工】，【程序】为【1234】，【刀具】为【BALL_MILL_4_6】，【几何体】为【MULTI_BLADE_GEOM】，【方法】为【MILL_FINISH】。单击【确定】按钮，打开【Blisk Blend Finish-[BLISK_BLEND_FINISH]】对话框。

在【主要】选项卡中，设置【切削方式】为【单向】，【步距】为【残余高度】，【最大残余高度】为【0.01】，【起点】为【后缘】，如图 5-117 所示。

图 5-118 所示为叶片清根刀轨。【单向】切削方式是为了与叶片精加工保持一致，【起点】在【后缘】可使下刀点的位置远离加工对象。

图 5-116 叶片精加工参数设置

图 5-117 叶片清根参数设置

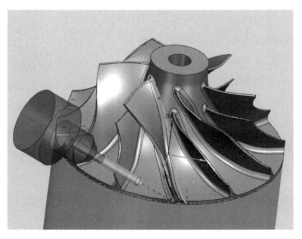

图 5-118 叶片清根刀轨

第6章 孔加工

6.1 孔与孔系加工

要把零件连接起来，需要各种不同尺寸的螺纹孔、销孔或铆钉孔；为了把传动部件固定起来，需要各种安装孔；机器零件本身也有许多各种各样的孔，如油孔、工艺孔、减重孔等。加工孔的操作称为孔加工。

内孔表面是组成机械零件的重要表面之一。在机械零件中，带孔零件一般要占零件总数的 50%～80%。孔的种类也是多种多样的，有圆柱孔、圆锥孔、螺纹孔和成型孔等。常见的圆柱形孔有一般孔和深孔之别，深孔很难加工。

孔的加工一般分为钻孔、扩孔、铰孔、镗孔及孔系加工等。除了以上的加工方法外，还可以用铣削的方法来加工孔，以刀具运动方式来分有螺旋铣、圆周平面铣和插铣等。

用于孔加工的刀具，有钻头（麻花钻、深孔钻、扩孔钻、中心钻等）、镗刀（单刃镗刀、双刃镗刀等）、铰刀（标准铰刀、单片单刃铰刀和浮动铰刀等）、丝锥、螺纹铣刀等。

大部分孔加工刀具为定尺寸刀具，刀具本身的尺寸精度和形状精度不可避免地对孔的加工精度有重要的影响。另外，由于受到加工孔直径的限制，刀具横截面尺寸较小，特别是深孔加工，因为孔的深度与直径之比的数值较大，其横截面尺寸更小，所以刀具刚性差，切削不稳定，易产生振动；在工件已加工表面的包围之中进行切削加工，切削呈封闭或半封闭的状态，因此排屑困难；切削液不易进入切削区，难以观察切削中的实际情况，对工件质量、刀具寿命都将产生不利的影响。

为了确保加工质量和延长刀具寿命，应该尽量做到以下几点：

1）正确选择刀具。

2）合理安排加工方法。

3）选择合理的加工参数。

6.2 加工实例

1. 加工准备

1）打开模型文件"05-一般钻孔.prt"，零件模型如图6-1所示。

2）在资源条中单击【加工特征导航器】按钮 。在特征栏目的空白处，单击鼠标右键，在弹出的快捷菜单中单击【查找特征】按钮 ，如图6-2所示。

3）在弹出的【查找特征】对话框中的【映射特征】列表中只勾选【STEPS】；设置

【加工进刀方向】中的【方法】为【无】；设置
【要搜索的几何体】中的【搜索方法】为【工件】，
如图 6-3 所示。

单击【查找特征】按钮 🔍，结果如图 6-4
所示。

4）在特征栏目的空白处单击鼠标右键，在弹
出的快捷菜单中单击【特征成组】按钮，如图 6-5
所示。

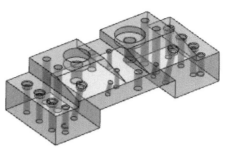

图 6-1　待加工零件模型

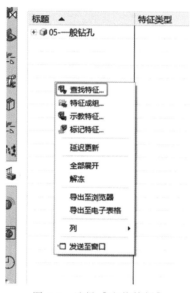

图 6-2　选择【查找特征】

图 6-3　选择特征类型

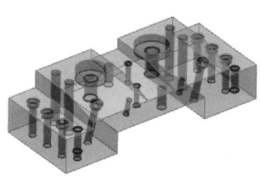

图 6-4　显示加工特征

图 6-5　选择【特征成组】

5）在弹出的【特征成组】对话框中，进行图 6-6 所示的参数设置。

6）单击【特征成组】对话框中的【创建特征组】按钮，单击【确定】按钮，完成【特征成组】的设置。

返回到资源条中，打开【工序导航器几何】视图，如图 6-7 所示。在【WORKPIECE】节点中有 3 个特征组，为钻孔的加工对象。

图 6-6 设置【特征成组】

图 6-7 观察加工对象

2. 中心钻编程

1）选择加工对象【FG_STEP2HOLE_THREAD】，单击【创建工序】按钮，如图 6-8 所示，打开【创建工序】对话框。

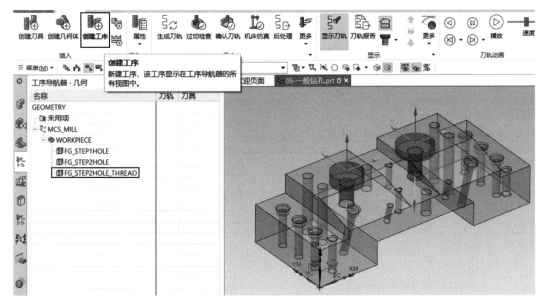

图 6-8 创建工序

2）【创建工序】对话框中的参数设置如图 6-9 所示，单击【确认】按钮。

3）单击【生成】按钮 🖘，生成第一个钻孔（中心钻）刀轨，如图 6-10 所示。

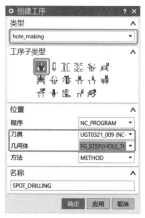

图 6-9 【创建工序】设置

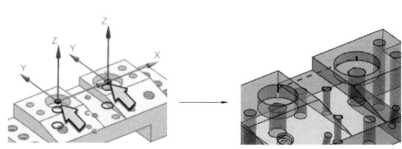

图 6-10 中心钻刀轨

3. 钻孔编程

重复中心钻编程操作的第 1 步。打开【创建工序】对话框，进行图 6-11 所示参数设置，单击【确认】按钮。

该操作的目的是为了将这两个带有螺纹的 T 形孔做攻螺纹前的加工准备，因此在前期的中心钻加工的基础上，应该再进行一次通孔加工；而中心钻加工也是为了保证这次通孔加工的加工质量而做的前期准备。

在【钻孔-【DRILLING】】对话框中单击【指定特征几何体】按钮 🖳，打开【特征几何体】对话框。设置【加工区域】为【MODEL_DEPTH】（模型深度），以指定加工对象；【刀具驱动点】为【SYS_CL_SHOULDER】（刀具的前缘），以保证零件钻通孔；【深度限制】为【通孔】，如图 6-12 所示。

图 6-11 创建工序

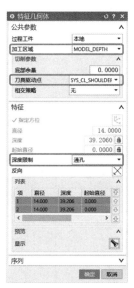

图 6-12 设置【特征几何体】

另外，必要时还可以在【特征几何体】对话框中增加【底部余量】值，以方便去除通孔底面的毛刺。

单击【确定】按钮，关闭【特征几何体】对话框，再单击【生成】按钮，完成简单孔的编程。

4. 铣削孔编程

T 形孔的上端孔由于底部直角的原因，用铣削孔的方式进行处理。重复中心钻编程操作的第 1 步，打开【孔铣-【HOLE_MILLING】】对话框，进行图 6-13 所示的参数设置。

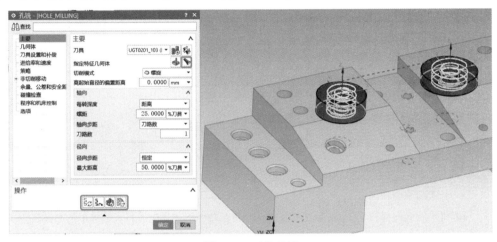

图 6-13 刀轨显示

单击【生成】按钮，生成铣削孔刀轨。单击【确定】按钮，完成铣削孔编程。

5. 铣削螺纹编程

重复中心钻编程操作第 1 步，打开【创建工序】对话框，进行图 6-14 所示的参数设置。单击【确定】按钮，打开【螺纹铣-【THREAD_MILLING】】对话框。

单击【指定特征几何体】按钮，打开【特征几何体】对话框，进行图 6-15 所示的参数设置。

单击【确定】按钮，关闭当前对话框。

注意：螺纹车刀的螺距、牙型等参数要和【特征几何体】对话框中对应的参数保持一致如图 6-16 所示。加工区域也要是实际螺纹相对应的面，根据实际要求确定【深度限制】。如果有定义的刀具的螺纹参数和【特征几何体】对话框中的参数不一致的情况，可能会导致不能生成刀轨。

当确定设置的参数无误后，生成刀轨，结果如图 6-17 所示。

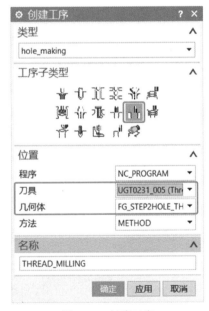

图 6-14 创建工序

通过两个 T 形孔的加工，介绍了孔加工编程的一般方法。下面介绍如何处理孔系加工中的一些特殊情况。

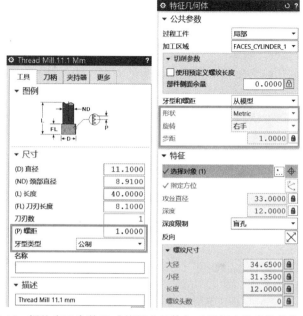

图 6-15　设置【特征几何体】　　图 6-16　螺纹车刀参数和【特征几何体】对话框中的参数保持一致

在加工孔系时，往往在满足精度要求的前提下，还要提高加工效率，优化加工路径是其中的一种方法。

1）打开模型文件"05-孔轨迹顺序.prt"。

2）双击 HOLE_BOSS_GEOM 加工对象，在【孔或凸台几何体】对话框中，单击【预览】中的【显示】按钮，可以看到路径是非常混乱的。可以做两种优化：

1）最短刀轨路径。在【优化】下拉列表中选择【最短刀轨】后，单击【重新排序列表】按钮，如图 6-18 所示。结果如图 6-19 所示。

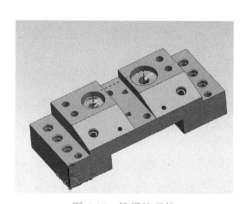

图 6-17　铣螺纹刀轨

图 6-18　使用最短刀轨路径进行排序优化

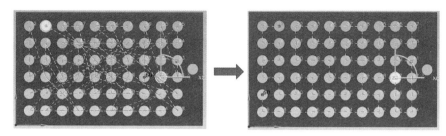

图 6-19　最短刀轨路径排序结果

2）重新规定第 1 孔，并按 X 轴方向顺序排序。

在以上操作基础上，在列表中选择孔序 37（STEP1HOLE_60），并单击【置顶】按钮 ，这样就替换了第 1 点的位置；在【序列】组中按图 6-20 所示设置。

单击【重新排序】按钮 。如图 6-21 所示，从中可以看出第 1 点发生了变化。这里【带宽】的含义是在孔的分布不完全是规则矩阵列时，

图 6-20　设置排序原则

按宽带值进行归类处理，在这个值的范围内都可以在同一行（列）处理。

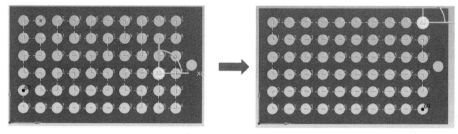

图 6-21　排序结果

第7章 轴类零件数控加工

车削是用车刀对旋转的工件进行加工，主要用于加工轴类、盘类、套类和其他具有回转表面的回转体或非回转体工件，是机械制造和修配企业中使用最广的一类加工方式。

7.1 车削加工工艺特点

车削的基本方法包括车端面、车外圆和轮廓（图 7-1）、切槽和切断、车锥面和车螺纹等。

（1）粗车 粗车是外圆粗加工最经济有效的方法。由于粗车的目的主要是迅速地从毛坯上切除多余的金属，因此，提高生产率是其主要任务。粗车通常采用尽可能大的背吃刀量和进给量来提高生产率。而为了保证刀具寿命，切削速度通常较低。粗车时，车刀应选取较大的主偏角，以减小背向力，防止工件的弯曲变形和振动；选取较小的前角、后角和负值的刃倾角，以增强车刀切削部分的强度。粗车所能达到的工件公差等级为 IT12～IT11，表面粗糙度 Ra 值为 $50～12.5\mu m$。

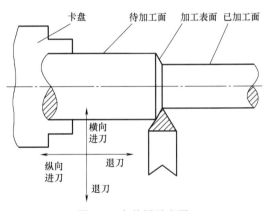

图 7-1 车外圆示意图

（2）精车 精车的主要任务是保证零件所要求的加工精度和表面质量。精车外圆表面一般采用较小的背吃刀量与进给量和较高的切削速度进行加工。在加工大型轴类零件外圆时，则常采用宽刃车刀低速精车。精车时，车刀应选用较大的前角、后角和正值的刃倾角，以提高加工表面质量。精车可作为较高精度外圆的最终加工或作为精细加工的预加工。精车的工件公差等级可达 IT8～IT6，表面粗糙度 Ra 值可达 $1.6～0.8\mu m$。

（3）精细车 精细车的特点是背吃刀量和进给量的取值极小，切削速度高达 $150～2000m/min$。精细车一般采用立方氮化硼（CBN）、金刚石等超硬材料刀具进行加工，所用机床也必须是主轴能做高速回转并具有很高刚度的高精度或精密机床。精细车的加工精度值及表面粗糙度值与普通外圆磨削大体相当，公差等级可达 IT6 以上，表面粗糙度 Ra 值可达 $0.4～0.005\mu m$。精细车多用于磨削加工性不好的有色金属工件的精密加工，对于容易堵塞砂轮气孔的铝及铝合金等工件，精细车更为有效。在加工大型工件精密外圆表面时，精细车可以代替磨削加工。

在编制车削加工程序时要特别注意车削三要素，分别为背吃刀量、进给量和切削速度。

7.2　车削加工刀具

按工件加工面的不同，车刀可分为外圆车刀、端面车刀、螺纹车刀、内孔车刀、切断车刀和切槽车刀；按刀杆截面形状的不同，分为正方形、矩形、圆形和不规则四边形；按车刀的结构分为整体车刀、焊接车刀、焊接装配式车刀、机夹车刀、可转位车刀。车刀结构如图 7-2 所示。

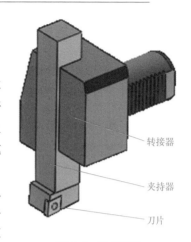

图 7-2　车刀结构

以标准车刀为例，其刀片外形有平行四边形、菱形、六边形、矩形、八边形、五边形、圆形、正方形、三角形或用户定义的形状。在不同形状的刀片上有不同的参数定义，以菱形刀片为例，其主要的刀片参数如图 7-3 所示。

图中 R 为刀尖半径；OA 为方向角度，是从加工坐标系中 X 轴的正方向到第一条切削边测量逆时针方向的角度值，该值小于 $180°$，表示夹角圆弧是顺时针方向；值大于 $180°$ 表示夹角圆弧是逆时针方向；H 为刀片切削边长度。

夹持器是用来安装刀片的支架，分为左手或右手夹持器方向；形状一般分为方形或圆形。夹持器的几何尺寸如图 7-4 所示。

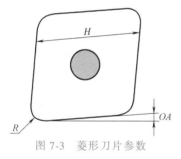

图 7-3　菱形刀片参数

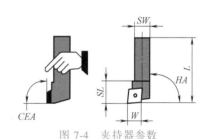

图 7-4　夹持器参数

图中 L 为包括切削刃在内的刀具长度；W 为包括切削刃在内的刀具宽度；SW 只是刀柄的宽度；SL 为安装切削刃所在的刀柄长度；HA 为夹持器角度，用于指定刀具夹持器相对于主轴的方位。

方柄和圆柄是常见的转向器形体，与刀塔连接。以方柄转向器为例，其几何参数如图 7-5 所示。

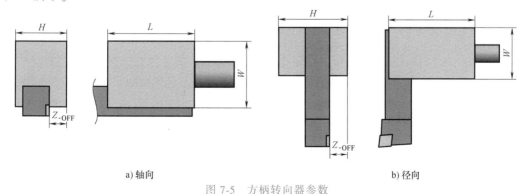

a) 轴向　　　　　　　　　　　　　　　　b) 径向

图 7-5　方柄转向器参数

图中 L 为夹持器的长度。W 为夹持器的直径。H 为阶梯的长度。（Z_{-OFF} 为 Z 向偏置，表示远离块侧面的距离。

轴向与径向相互垂直，使用时应以被加工的轮廓位置合理选择。轴向表示刀具夹持柄的位置方向与主轴的方向一致。

7.3 车削加工边界的定义

车削加工的边界定义是为编程设置轮廓几何。在定义边界之前，应该先定义加工坐标系。和其他加工工艺的数控编程一样，必须定义加工坐标系，但车削的加工坐标系定义有其特殊性，由于其旋转零件的特点，旋转轴（即车床主轴）的定义非常重要。一般有两个坐标方向可以定义为主轴（ZM 或 XM），这两种主轴定义的原则，取决于机床结构和机床控制器。这里介绍以 ZM 轴定义为主轴。

图 7-6 所示为以 ZM-XM 平面作为毛坯边界轮廓放置的平面。毛坯轮廓的放置平面（工作平面）要与车床的刀轴（车刀非主轴移动的方向）和主轴构成的平面一致。

将 ZM-XM 平面定义完成后，车削加工的轮廓就基本确定。显示部件 1 和毛坯 2 边界，如图 7-7 所示。

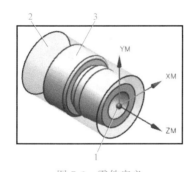

图 7-6 零件定义

1—加工坐标系 2—工作平面 3—主轴中心线

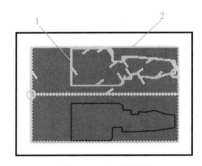

图 7-7 加工区域

7.4 轴类零件的加工实例

下面以一个轴类零件的加工实例，按照上述要点完成其车削加工编程。

打开零件 "07-车加工.prt"，按照加工准备、编程、后处理三大步骤进行操作。

1. 加工准备

1）单击【文件】→【新建】按钮，打开【新建】对话框，在【加工】选项卡中设置【单位】为【毫米】，【名称】为【车削基本功能】，单击【确定】按钮，选择车削模板，如图 7-8 所示。

2）在工序导航器中单击【几何视图】按钮 🖼️，再单击【+】，双击【MCS_SPINDLE】节点，打开【MCS 主轴】对话框。指定加工坐标系和工作平面，单击【确定】按钮，如图 7-9 所示。

3）打开【工件】对话框，定义部件和毛坯几何体，设置材料为【HSM COPPER】，单击【确定】按钮，如图 7-10 所示。双击【TURNING_WORKPIECE】节点，打开【车削工

图 7-8　选择车削模板

图 7-9　指定加工坐标系和工作平面

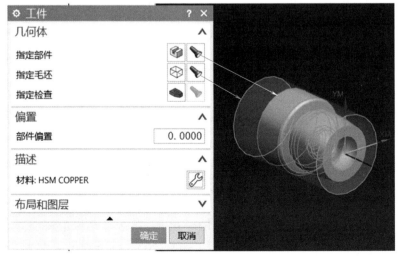

图 7-10　指定部件和毛坯几何体

件】对话框，可以观察到在 ZM-XM 平面有一平面出现，并产生两个轮廓，这就是零件轮廓和毛坯轮廓，如图 7-11 所示。

4）定义安全边界，保证车刀在加工零件过程中的非切削运动是安全的。双击【AVOID-ANCE】节点，如图 7-12 所示。打开【避让】对话框，创建起点和安全返回位置，具体参数设置如图 7-13 所示。

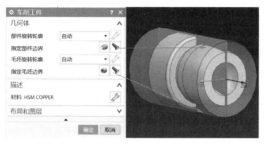

图 7-11　指定部件和毛坯边界

图 7-12　定义安全边界

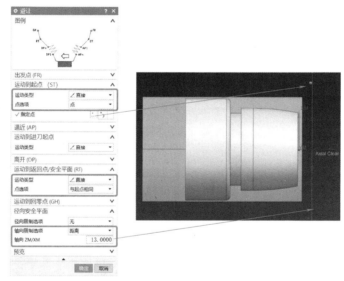

图 7-13　设置起点和安全返回位置

5）为了避免车刀碰撞卡盘，还要指定避免碰撞卡盘的安全距离。

单击【创建几何体】按钮，设置【工序子类型】为【CONTAINMENT】，【几何体】为【AVOIDANCE】，单击【确定】按钮弹出【空间范围】对话框。进行图 7-14 所示参数设置，单击【确定】按钮，关闭当前对话框。

6）单击【机床视图】按钮，单击【+】展开组。在【STATION_02】节点下创建一把中心钻。具体操作步骤和参数设置如图 7-15 所示。

重复以上操作，再创建一把钻刀【DRILL】，刀具位置在【STATION_04】。

7）创建一把铣刀，刀具位置在【STATION_05】。单击【从库中调用刀具】按钮，选择【外径轮廓加工】；单击【确定】按钮在【（R）半径】文本框中输入【1.5】，如图 7-16 所示；单击【确定】按钮，在【库号】列表中选择【ugt0121_001】，如图 7-17 所示。

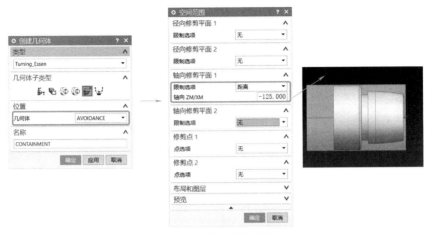

图 7-14 设置避让范围

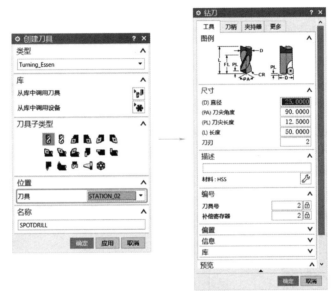

图 7-15 创建中心钻

图 7-16 创建刀具

这样就建立了需要使用的刀具库，如刀具列表图 7-18 所示。

2. 编制端面车削工序

车削端面的刀轨模拟效果如图 7-19 所示。

图 7-17　选择刀具

图 7-18　刀具列表

1）单击【创建工序】按钮，进行图 7-20 所示的参数设置，单击【确定】按钮。

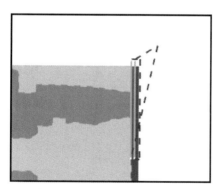

图 7-19　车削端面刀轨模拟效果

图 7-20　创建面加工工序

2）在【面加工-【FACING】】对话框中的【几何体】选项组中，单击【切削区域】右侧的【编辑】按钮，在弹出的【切削区域】对话框中的【轴向修剪平面 1】选项组中，设置【限制选项】为【点】，完成加工区域的定义，如图 7-21 所示。

3）单击【生成】按钮，生成端面车削加工程序，如图 7-22 所示。

3. 编制端面的中心钻孔工序

端面的中心钻孔刀轨如图 7-23 所示。

1）单击【创建工序】按钮，参数设置如图 7-24 所示，单击【确定】按钮。

2）按照默认参数设置，单击【生成】按钮，生成中心钻孔刀轨，如图 7-25 所示。

4. 编制轴的中心钻孔程序

参考上述操作，创建轴的中心钻孔工序，具体操作和参数设置如图 7-26 所示。在对话框的【起点和深度】区中，从【参考深度】列表中选择【刀肩】，在【偏置】框中输入【120】。

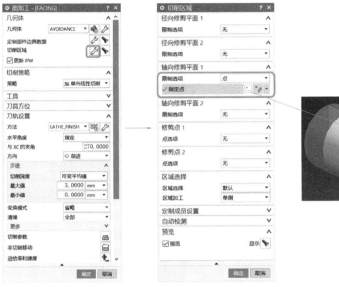

图 7-21　设置面加工参数

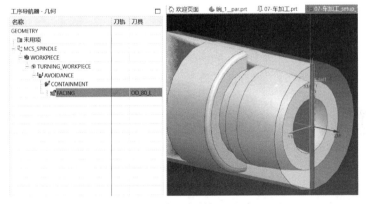

图 7-22　端面车削加工程序

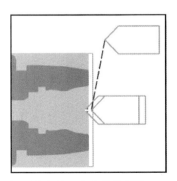

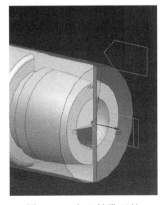

图 7-23　中心钻孔刀轨　　　　图 7-24　创建中心钻孔工序　　　　图 7-25　中心钻孔刀轨

图 7-26 创建轴的中心钻孔工序

5. 编制外圆粗加工工序

外圆粗加工刀轨模拟效果如图 7-27 所示。

1）单击【创建工序】按钮，具体参数设置如图 7-28 所示。为了防止刀具下降到部件中直径较小的区域，应设置【变换模式】为【省略】，就能形成刀轨，如图 7-29 所示。

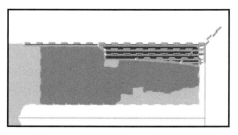

图 7-27 外圆粗加工刀轨模拟效果

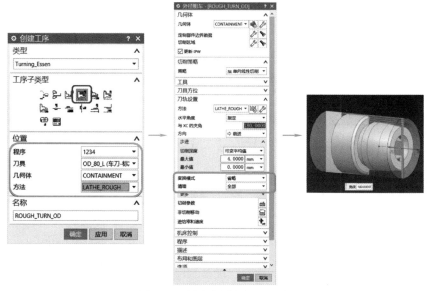

图 7-28 创建外圆粗加工工序

2）单击【生成】按钮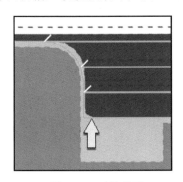，生成外圆粗加工刀轨。

6. 编制外圆切槽工序

外圆切槽刀轨模拟效果如图 7-30 所示。

图 7-29 刀轨显示

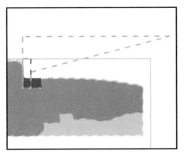

图 7-30 外圆切槽刀轨模拟效果

1）首先创建一把切槽刀，单击【创建刀具】按钮，单击【OD_GROOVE_L】，在【刀具】下拉列表中选择【STATION_06】，单击【确定】按钮，完成刀具的创建，如图 7-31 所示。

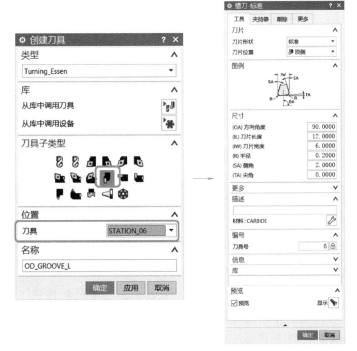

图 7-31 创建切槽刀

2）单击【创建工序】按钮，再单击【外径切槽】按钮，其余参数设置如图 7-32 所示。为了定义沟槽更加准确，且不被其他未加工的几何体干扰，需要单击【切削区域】右侧的【编辑】按钮，在【切削区域】对话框中的【轴向修剪平面 1】选项组中，设置【限制选项】为【点】，选择图 7-33 所示点；在【轴向修剪平面 2】选项组中，设

图 7-32 创建外径切槽工序

置【限制选项】为【点】，选择图 7-34 所示点。

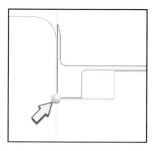

图 7-33 在轴向修剪平面 1 指定点

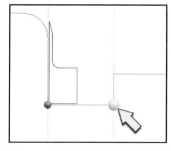

图 7-34 在轴向修剪平面 2 指定点

3）单击【生成】按钮，生成外径切槽刀轨，如图 7-35 所示。图中可以看到箭头所指的刀轨是不安全的，因此需要避让。

4）单击【非切削移动】按钮，打开【离开】选项卡，在【运动到返回点/安全平面】选项组中设置【运动类型】为【径向→轴向】，如图 7-36 所示。

5）单击【确定】按钮，并闭当前对话框。再次单击【生成】按钮，重新生成刀轨，如图 7-37 所示。这样切槽刀在逼近沟槽过程中就不会与零件发生干涉，保证刀轨安全。

7. 编制外圆精加工工序

外圆粗加工刀轨模拟效果如图 7-38 所示。

1）单击【创建工序】按钮，单击【外径精车】按钮，其余参数设置如图 7-39 所示。

单击【切削区域】右侧的【编辑】按钮，在【切削区域】对话框中的【修剪点 1】选项组中，设置【点选项】为【指定】，选择图 7-40 所示的点；在【修剪点 2】选项组中，设置【点选项】为【指定】，选择图 7-41 所示的点。

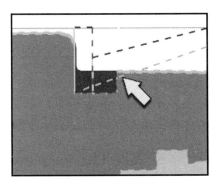

图 7-35 刀轨显示

图 7-36 刀轨避让设置

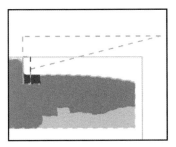

图 7-37 重新生成刀轨

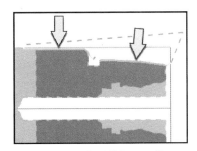

图 7-38 外圆精加工刀轨

图 7-39 创建外径精车工序

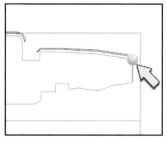

图 7-40　修剪点 1

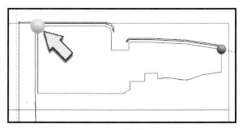

图 7-41　修剪点 2

2）对沟槽区域做忽略处理，精简刀轨和避免发生刀轨在这个区域中的下沉现象。

如图 7-42 所示，单击【定制部件边界数据】右侧的按钮，进行对应的参数设置。

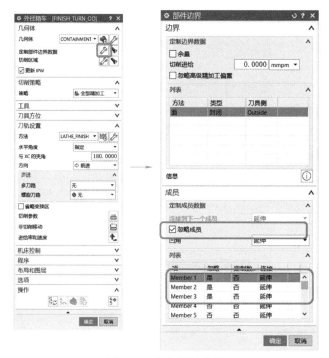

图 7-42　定义部件边界

3）单击【生成】按钮，生成外径精车刀轨，如图 7-43 所示。

8. 编制内径粗镗工序

内径粗镗刀轨模拟效果如图 7-44 所示。

1）创建镗刀。单击【创建刀具】按钮，设置【刀具子类型】为【ID_55_L】，【刀具】为【STATION_07】，如图 7-45 所示。单击【确定】按钮，进入【车刀-标准】对话框。

2）打开【工具】选项卡，在【(R)刀尖半径】文本框中输入【0.4】；在【长度】文本框中输入【5.0】，以定义切削刃。打开【夹持器】选项卡，进行图 7-46 所示的参数设置。

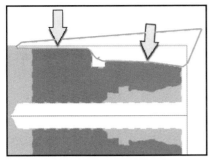

图 7-43　外径精车刀轨

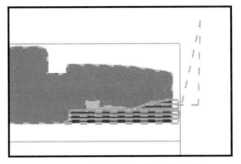

图 7-44　内径粗镗刀轨模拟效果

图 7-45　创建刀具

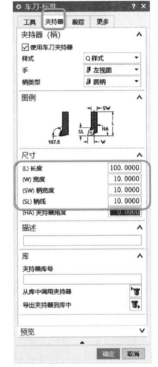

图 7-46　刀具参数设置

3）单击【创建工序】按钮，设置【工序子类型】为【内径粗镗】，其余参数设置如图 7-47 所示。

4）设置【变换模式】为【省略】，防止刀具下降到槽中。单击【非切削移动】按钮，打开【离开】选项卡，在【运动到返回点/安全平面】选项组中，设置【运动类型】为【纯轴向→直接】，如图 7-48 所示。

5）单击【生成】按钮，生成内径粗镗刀轨，如图 7-49 所示。

9．编制内径精镗工序

1）单击【创建工序】按钮，设置【工序子类型】为【内径精镗】，其余参数设置如图 7-50 所示。

图 7-47 创建内径粗镗工序

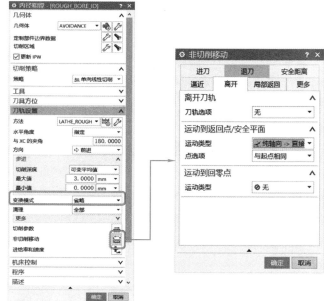

图 7-48 内径粗镗参数定义

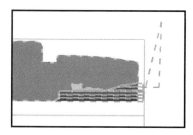

图 7-49 内径粗镗刀轨

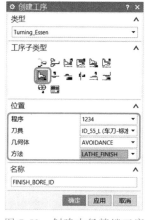

图 7-50 创建内径精镗工序

2）如图 7-51 所示，在【切削区域】对话框中进行参数设置来限制轮廓内径。在【内径精镗-【FINISH_BORE_ID】】对话框中的【几何体】选项组中，单击【切削区域】右侧的【编辑】按钮 🔧 ，在【切削区域】对话框中的【修剪点 1】选项组中，设置【点选项】为【指定】，以此约束刀轨到图 7-52 所示点处结束。单击【非切削移动】按钮 🔳 ，打开【离开】选项卡，在【运动到返回点/安全平面】选项组中，设置【运动类型】为【纯轴向→直接】。

3）单击【生成】按钮 🔁 ，生成内径精镗刀轨，如图 7-53 所示。

10. 编制内径切槽程序

1）创建一把切槽刀。单击【创建刀具】按钮 🔧 ，设置【刀具子类型】为【ID_GROOVE_L】 🔧 ，其余参数设置如图 7-54 所示。

图 7-51　设置内径精镗相关参数

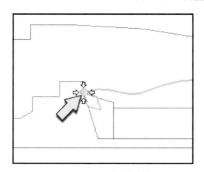

图 7-52　刀轨结束点

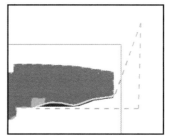

图 7-53　内径精镗刀轨

图 7-54　创建槽刀

2）单击【创建工序】按钮，设置【工序子类型】为【内径切槽】，其余参数设置如图 7-55 所示。

3）将切削区域限制于槽内。打开【切削区域】对话框，如图 7-56 所示。在【修剪点1】选项组中，设置【点选项】为【指定】，选择图 7-57 所示点；在【修剪点 2】选项组中，设置【点选项】为【指定】，选择图 7-58 所示点。

图 7-55　创建内径切槽工序

图 7-56　设置切削区域

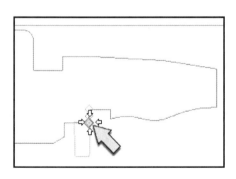

图 7-57　修剪点 1

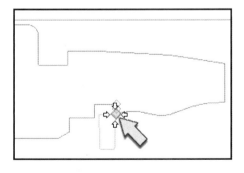

图 7-58　修剪点 2

4）另外，规范刀具在内孔的走向，以确保安全。如图 7-59 所示，单击【非切削移动】按钮，打开【逼近】选项卡，在【运动到起点】选项组中，设置【运动类型】为【径向→轴向】。打开【离开】选项卡，在【运动到返回点/安全平面】选项组中，设置【运动类型】为【径向→轴向】，【点选项】为【点】，选择图 7-60 所示的点。由此完成相应的参数定义。

5）单击【生成】按钮，生成内径切槽刀轨，如图 7-61 所示。

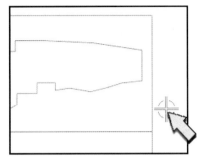

图 7-60　安全点定义

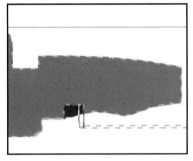

图 7-59　设置非切削移动参数

图 7-61　内径切槽刀轨

11. 编制剩余内径精镗工序

剩余内径精镗刀轨模拟效果如图 7-62 所示。

1）单击【创建工序】按钮，设置【工序子类型】为【内径精镗】，其余参数设置如图 7-63 所示。

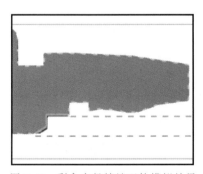

图 7-62　剩余内径精镗刀轨模拟效果

图 7-63　创建内径精镗工序

2）定义限制切削区域的两个点。如图 7-64 所示，单击【切削区域】右侧的【编辑】按钮。在弹出的【切削区域】对话框中的【修剪点 1】选项组中，设置【点选项】为【指定】，选择图 7-65 所示的点；在【修剪点 2】选项组中，设置【点选项】为【指定】，选择图 7-66 中所示点。

图 7-64 内径精镗参数设置

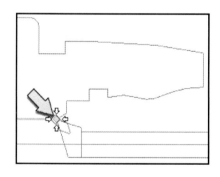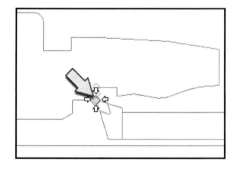

图 7-65 修剪点 1   图 7-66 修剪点 2

3）设置用于防止刀具与零件发生碰撞的【非切削移动】。如图 7-64 所示，单击【非切削移动】按钮 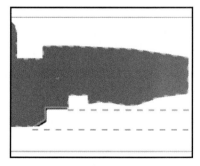，打开【逼近】选项卡，在【运动到进刀起点】和【运动到起点】选项组中，【运动类型】为【径向→轴向】。打开【离开】选项卡，在【运动到返回点/安全平面】选项组中，设置【运动类型】为【纯轴向→直接】。由此完成相应的参数定义。

4）单击【生成】按钮 ，生成剩余内径精镗刀

图 7-67 剩余内径精镗刀轨

轨，如图 7-67 所示。

12. 编制内螺纹加工工序

由于转塔都被占用，所以需要先建立一个转塔工位。

1）单击【创建刀具】按钮，设置【刀具子类型】为【TURRET_STATION】，其余参数设置如图 7-68 所示。

图 7-68　创建转塔

2）单击【创建刀具】按钮，设置【刀具子类型】为【ID_THREAD_L】，【刀具】为【STATION_09】，其余参数设置如图 7-69 所示。

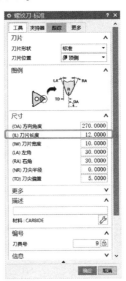

图 7-69　创建螺纹车刀

3）单击【创建工序】按钮，设置【工序子类型】为【内径螺纹加工】，随后定义螺纹的大径、小径、长度和螺距，其余参数设置如图 7-70 所示。单击【选择顶线】按钮，选择图 7-71 所示的开始螺纹切削的水平线的端点。单击【切削参数】按钮，打开【螺距】选项卡，设置【螺距】为【1】。

图 7-70　内径螺纹加工参数设置

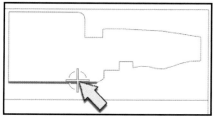

图 7-71　螺纹线定义

4）设置【非切削移动】参数，使刀具在切削前后避让部件，具体参数设置如图 7-72 所示。

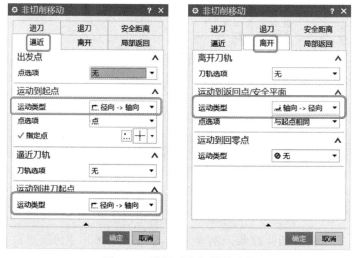

图 7-72　设置【非切削移动】

5）单击【生成】按钮 🔄，生成内螺纹加工刀轨，如图 7-73 所示。

13. 编制切除部分零件工序

1）首先创建转塔。单击【创建刀具】按钮 🔧⊕，具体参数设置如图 7-74 所示。

2）单击【创建刀具】按钮 🔧⊕，选择【TURRET_STA-TION】以外的任何【刀具子类型】（如【DRILL】），在【刀具】下拉列表中选择【STATION_10】。单击【从库中调用刀

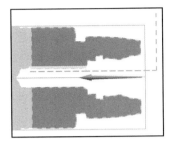

图 7-73　内螺纹加工刀轨

具】按钮 🔧，在【库类选择】对话框中单击加号【+】以展开【车】列表，再单击【分型】，在【库号】列表中选择【ugt0114_001】，如图 7-75 所示。

图 7-74　创建转塔

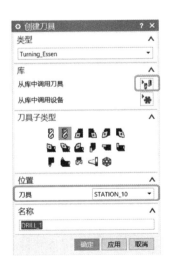

图 7-75　创建刀具

3）单击【创建工序】按钮，设置【工序子类型】为

【部件分离】，具体参数设置如图 7-76 所示。

4）如图 7-77 所示，设置【刀轨设置】选项组中的【部件分离位置】为【自动】，可以将刀轨位置确定为相对于 IPW 的最左或最右端。使用【自动】选项时，【与 XC 的夹角】应设为【0】，以使系统从左侧开始查找第一个适当的切除位置。在【延伸距离】文本框中输入【1】，这样能完全分离零件，如图 7-78 所示。

5）单击【进给率和速度】按钮，打开【进给率和速度】对话框。【减速】选项用于确定部件分离之前和分离时刀具的切削进给率。【长度】表示从切削端部开始测量。在【减速】文本框中输入【25】，并确保显示【% 切削】；在【长度】文

图 7-76 创建部件分离工序

本框中输入【10】，并确保显示【%】，这样将使最后 10% 刀轨的切削进给率降低到当前切削进给率的 25%，如图 7-79 所示。

图 7-77 部件分离参数设置

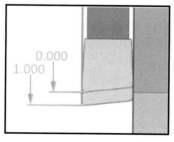

图 7-78 延伸距离

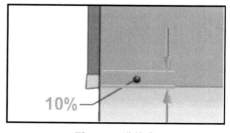

图 7-79 进给率

6）单击【生成】按钮 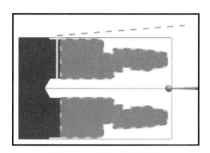，生成部件分离刀轨，如图 7-80 所示。

14. 程序后处理与生成加工工艺单

程序后处理以及生成加工工艺单是编程的最后阶段，是连接机床和操作者的桥梁。程序后处理必须严格按照机床控制系统的要求，形成加工代码。而加工工艺单必须能让操作者了解编程者的定位要求、工序（工步）的规划；了解使用刀具的种类和尺寸，以便准备刀具。

图 7-80　部件分离刀轨

1）在【工序导航器-程序顺序】中用鼠标右键单击程序【1234】节点，如图 7-81 所示。

2）在弹出的快捷菜单中单击【后处理】按钮，在【后处理】对话框中，设置【后处理器】为【MILLTURN】，【文件扩展名】为【cnc】，以确认好产生 G 代码文件的后缀，再单击【确定】按钮，如图 7-82 所示。

图 7-81　操作导航器

图 7-82　【后处理】设置

第8章 数控电火花线切割加工

电火花线切割是利用电火花进行穿孔、成形加工的方法。其具体原理是利用移动的金属丝（钼丝、铜丝或者合金丝）作为电极丝，靠电极丝和工件之间的脉冲电火花放电，产生高温使金属熔化或汽化，形成切缝，从而切割出零件。

电火花线切割加工与传统的车削、铣削以及钻削等加工方式相比，具有以下特点。

1）直接利用 $0.03 \sim 0.35mm$ 金属线作为电极，不需要特定形状，可节约电极的设计与制造费用。

2）不论工件材料硬度如何，凡是导体或半导体材料都可以加工，而且电极丝损耗小、加工精度高。

3）适合小批量、形状复杂的零件单件和试制品的加工，且加工周期短。

4）电火花线切割加工中，电极丝与工件不直接接触，两者之间的作用力很小，故而工件的变形小；电极丝、夹具不需要太高的强度。

5）工作液采用水基乳化液，其成本低，不易发生火灾。

6）不适合加工形状简单的大批量零件，也不能加工不导电的零件。

电火花线切割加工前先准备好工件毛坯、装夹工具与量具等。若需加工内腔形状工件，或工艺要求用穿丝孔加工，毛坯应预先打好穿丝孔，然后按一般机床操作的步骤进行操作。

电火花线切割加工的切割速度是用来反映其加工效率的一项重要指标，也就是通常说的加工的快慢。切割速度用电极丝沿图形加工轨迹的进给速度乘以工件厚度求得，即反映电极丝在单位时间内扫过工件上的面积。下面是对切割速度有重要影响的几个因素：

（1）脉冲电源 切割速度与脉冲电流成正比；脉冲的频率与加工效率有关，有一定的峰值。

（2）电极丝 电极丝直径大小与其张紧力，要根据工件厚度、材料和加工要求而定。

（3）工作液 不同的成分配比的工作液对应快走丝与慢走丝；适当的工作液压力，可以有效地排除切屑，同时可以增强对电极丝的冷却效果。

（4）工件 工件材料的成分和工作厚度对切割速度均有影响。

1. 电火花线切割分类

电火花线切割分为快走丝线切割、中走丝线切割以及慢走丝线切割。

1）快走丝线切割的走丝速度为 $6 \sim 12mm/s$，电极丝做高速往返运动，切割精度相对较差。

2）中走丝线切割是在快走丝线切割的基础上实现了多次变频切割功能，是近几年发展的新工艺。

3）慢走丝线切割的走丝速度为 $0.2mm/s$，电极丝做低速单向运动，切割精度相对较高。

2. 电火花线切割加工技术的发展趋势

（1）微细线切割技术 依靠微细线切割技术来加工大型机械难以加工的微小零件。电极丝采用钨丝，由于电极丝直径细小，加工时放电能量非常微弱，因此对于脉冲控制系统、机床精度等方面的要求很高。微细线切割加工可获得很高的加工精度，且在微小零件窄槽、微小齿轮的加工中具有优势，越来越受到机械加工行业的重视。

（2）机床主机精度　影响机床加工精度的因素主要包括机床的传动精度、定位精度、几何精度和装备精度等。机床中的丝杠、螺母、齿轮等零件存在加工误差，导致加工过程中的加工表面质量达不到要求。应用先进技术来提高机床的加工精度，例如：使用新型材料制造机床，增加机床整体的精度和刚性；使用交流伺服电动机直联驱动；增加螺距误差自动补偿功能和反向间隙补偿功能。

（3）脉冲电源技术　应用实时监控系统，根据放电状态适时控制脉冲电源参数，有效地提高线切割加工效率，降低断丝概率。数字化脉冲电源采用 PLD（可编程逻辑器件）作为高频脉冲电源的主振控制芯片，由数控系统设置脉冲电源的电流前沿的上升速率，降低电极丝损耗。数字自适应脉冲电源可直接与 PC 端相连接，获得放电间隙状态的信息并根据一定的算法进行自适应控制，进而提高加工精度。

（4）多次切割工艺技术　多次切割加工是高速走丝线切割机的一个重要发展方向。在进行精密加工时，很难凭借一次走丝就将工件加工完成，需要多次加工来实现。随着脉冲电源、换丝控制系统、算法策略方面的技术进步，在一些机械加工中已经实现了高速多次切割加工。但加工的稳定度仍然不足，还有改进的空间来实现更高精度的加工。

（5）智能控制技术　目前电火花线切割加工主要应用的智能技术有模糊控制技术、专家系统和自动化控制系统等。电极丝张力与丝速的多级控制、边界面切割的适应控制、工作液参数的适应控制与调节等智能控制系统已广泛应用于线切割加工行业。专家系统使计算机系统具有人类专家解决问题的能力，只需定义加工对象，设定相关零件性能和加工目标，专家系统就能自动生成加工工序，无须机床操作者手动编程。当加工系统出现故障时，会自动报警，计算机系统自动显示所出现的问题和解决问题的措施，大大减少排除故障的时间。

8.1　无屑加工

无屑加工（图 8-1）是一种线切割的方式，在加工内、外轮廓时通过电火花腐蚀的方式将内部材料完全腐蚀，不留落料，这样能保证切割内、外轮廓时断口处的形状质量，但加工耗时且浪费材料。

无屑加工有两种走刀方式，分别为跟随周边和螺旋，如图 8-2 所示。

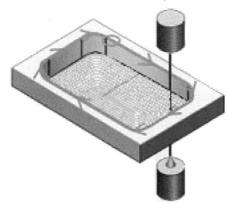

图 8-1　无屑加工

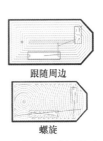

跟随周边

螺旋

图 8-2　无屑加工的两种走刀方式

8.2 两轴线切割加工

两轴线切割加工的类型分为内轮廓加工（图8-3）、外轮廓加工（图8-4）和开口轮廓加工（图8-5）。

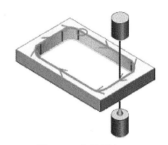

图8-3 内轮廓加工

图8-4 外轮廓加工

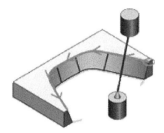

图8-5 开口轮廓加工

除了无屑加工方式以外，粗割加工和精割加工是两种常见的轮廓切割处理方式。

（1）粗割加工 粗割加工（图8-6）可以将大部分的材料腐蚀。为了提高加工效率，粗割加工一般会选择功率比较大的脉冲电流，这样可以提升加工速度。

（2）精割加工 精割加工（图8-7）为了保证被切割工件的形体以及获得更小的表面粗糙度，慢走丝是常用的方法。

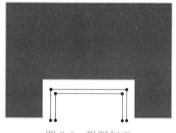

图8-6 粗割加工

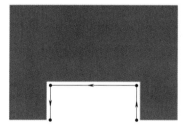

图8-7 精割加工

作为编程人员还需要知道在整个走刀过程中的起始点、穿丝点、返回点、终止点以及快速移动过程和切割过程（图8-8）等。

为了确保零件的表面质量，粗割时会保留一段距离不做割断，待精割时完成最后的割断，称之为割断距离，如图8-9所示。

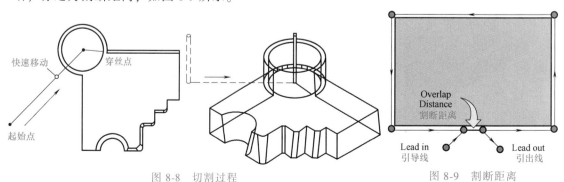

图8-8 切割过程

图8-9 割断距离

8.3　数控四轴线切割加工

数控四轴线切割加工是切割上下异形轮廓的一种加工方法，它主要依靠设备的空间摆角运动来进行切割上下异形的零件。

除了定义被加工对象不同以外，数控四轴线切割加工与两轴线切割加工在编程所涉及的内容基本相同。

8.4　加工实例

下面通过两个实例来说明数控两轴线切割加工与数控四轴线切割加工的编程要素。

【案例 1】

打开模型文件 "08-线切割 1. prt"，零件模型如图 8-10 所示。

1. 创建钼丝

在【插入】工具栏中单击【创建刀具】按钮 ，打开【创建刀具】对话框。按照默认设置并单击【确定】按钮，进入【线刀具】对话框。设置【（D）直径】为【0.5】，单击【确定】按钮。

2. 编制无芯加工工序

1）单击【创建工序】按钮 ，选择【无芯】 ，其余参数设置如图 8-11 所示。单击【确定】按钮，进入【无芯-【NOCORE】】对话框。

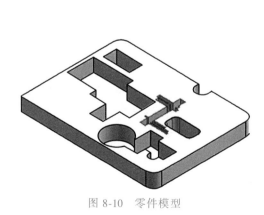

图 8-10　零件模型

图 8-11　创建无芯工序

2）在【几何体】选项组中，单击【指定线切割几何体】按钮 ，按图 8-12 所示选择切割边界曲线。

3）为了不在穿丝孔的位置产生加工轨迹，需要定义穿丝孔的位置，单击【指定内边界】按钮 ，按图 8-13 所示选择内边界曲线。

4）在【无芯-【NOCORE】】对话框中设置【切削模式】为【螺旋】，如图 8-14 所示。

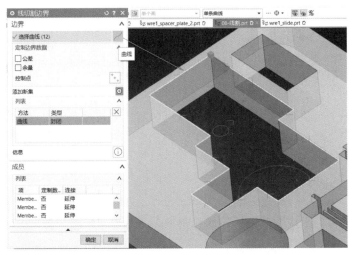

图 8-12　选择切割边界曲线

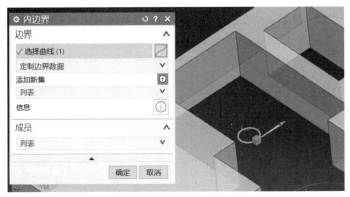

图 8-13　穿丝孔

5）单击【生成】按钮 ，生成无芯加工刀轨，如图 8-15 所示。

图 8-14　设置【切削模式】

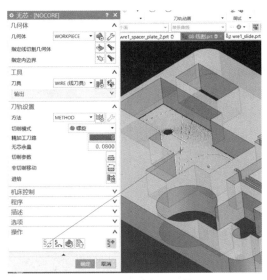

图 8-15　无芯加工刀轨

这里选择【螺旋】切削模式，是为了以穿丝孔为圆心扩展到内形轮廓，这样能保证钼丝在初始的运动更平顺。

6) 还需要定义穿丝点，让切割从该点开始，如图 8-16 所示。

3. 编制内部修剪工序

1) 单击【创建工序】按钮 ，打开【创建工序】对话框。参数设置如图 8-17 所示。单击【确定】按钮，进入【内部修剪-【INTERNAL_TRIM】】对话框。

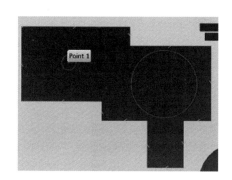

图 8-16　定义穿丝点

图 8-17　创建内部修剪工序

2) 选择加工边界，在【几何体】选项组中，单击【指定线切割几何体】按钮，在【线切割边界】对话框中，单击【选择曲线】按钮 $\int$，选择图 8-18 所示曲线。

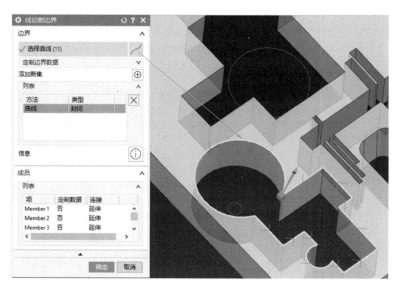

图 8-18　选择线切割边界曲线

3) 在【线切割边界】对话框中展开【定制边界数据】组，单击【控制点】按钮，打开【控制点】对话框。如图 8-19 所示，指定穿丝孔点。

图 8-19　指定穿丝孔点

由于粗割加工和精割加工的脉冲电流不一样，程序对机床加工是以功率寄存器号来进行控制。指定能量寄存器，在针对一些特殊要求时，需要指定每一次的轮廓加工（即每一次粗割和精割），因此在控制点中还要指定以下内容，如图 8-20 所示。

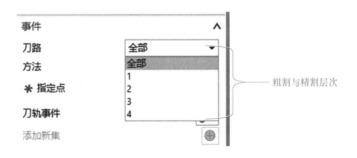

图 8-20　指定粗割、精割层次

图 8-21 所示为指定精割能量寄存器为 201 的步骤，采用相同的步骤可以定义不同切割层的能量寄存器号。

然后结束几何体的定义。单击【生成】按钮，生成内部修剪刀轨，如图 8-22 所示。图中【粗加工刀路】和【精加工刀路】文本框的数字就是粗割和精割的次数。

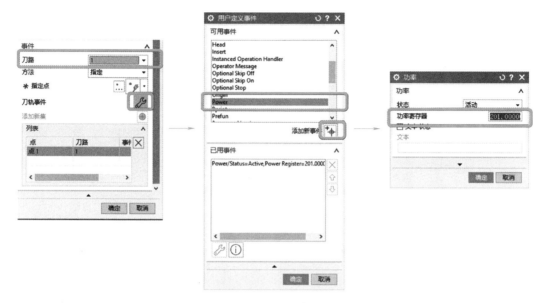

图 8-21　每层刀路的功率定义

图 8-22　内部修剪刀轨

对于数控四轴线切割加工的定义，与以上不同的是几何体的定义，如图 8-23 所示。其他操作读者可自行尝试。

图 8-23　创建数控四轴线切割加工操作

第9章 自动数控编程

9.1 自动数控编程

自动数控编程是指在稳定的加工要求下，自动生成合理、标准化的加工程序，其具有稳定的编程水平，且能够保证加工质量。

在产品的设计过程中，从产品性能要求而分解出来的零件制造要求，其表现形式从纯几何形状的体现到包括加工要求描述的信息转换，这也给自动编程带来了最基本的数据准备。

自动数控编程的一般流程如图 9-1 所示。

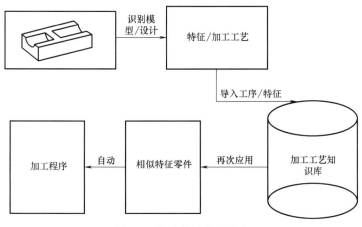

图 9-1　自动数控编程流程

9.2 加工特征

加工特征在自动数控编程中是关键信息，而加工特征与建模过程中的几何特征有所区别。加工特征是指在一个工步中完成几何形状的加工方法。这里包含两个层次，即几何形状和加工方法。其中，几何形状是被加工零件中的一个部分，如螺纹的沉孔；加工方法是通过用不同刀具，经过钻、扩、铰孔、攻螺纹或铣等方式成形零件的过程。所以要进行自动数控编程，必须建立特征库，即几何形状和加工方法特征库。

1. 几何形状特征

在系统定义的特征库中，主要以孔、槽、腔等标准简单特征为主。在【加工特征导航器】中使用【查找特征】功能进行特征识别时，系统会分析需要加工的零件几何体中的相关特征，按照特征在要识别征列表中的顺序进行依次比对，符合相关拓扑逻辑定义的特征将会被识别出添加到加工特征导航器，如图9-2所示。

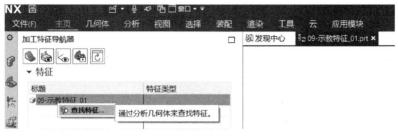

图 9-2　在【加工特征导航器】中使用【查找特征】

在【查找特征】对话框打开后，在【类型】组中选择【参数化识别】，此类别最为常用。使用此种类别系统会识别出其他并非在 NX CAD 中创建的特征，如 STP 文件中的特征等，如图9-3所示。匹配的特征将会被添加到已识别特征列表，并添加到加工特征导航器中，如图9-4所示。

图 9-3　查找特征时使用的特征列表　　　　　图 9-4　已经识别出的特征

在 NX 系统自带的特征库中，有大多数标准的简单特征，系统会自动识别这些特征，并按照加工规则库中的匹配加工方法对其进行自动化编程。用户也可以根据需要添加新的自定义特征，并为其定义匹配的加工工序。

2. 操作方法

对于加工方法与已识别出特征的匹配关系，系统会按照加工过程进行分解。在加工规则库中，每一道工序会定义其输入特征和输出特征，加工使用的刀具及工序使用的优先级高低，如图9-5和图9-6所示。

系统通过对几何形状特征的分解，为每道工序匹配合适的加工刀具，按照要求设定合适的加工参数，从而完成整个特征的加工编程。其中具体参数都写在加工知识库中，若系统自

Name	ThreadMill_S1H_thread		OutputFeatur	STEP1HOLE_THREAD
OperationCla	hole_making.THREAD_MILLING		InputFeature	STEP1HOLE
Priority	1		Resources	'Thread Mill'

图 9-5　加工知识库编辑器中的工序定义

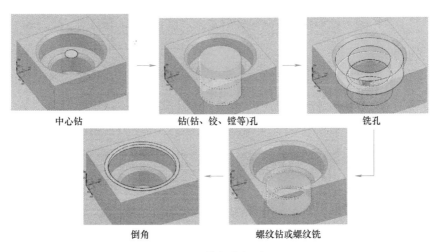

中心钻　　　　　钻(钻、铰、镗等)孔　　　　　铣孔

倒角　　　　　螺纹钻或螺纹铣

图 9-6　特征分解过程

带的规则或者参数定义不符合企业的要求，用户可以在加工知识库中对其进行修改。

9.3　加工知识库编辑器

通过对常用零件的成熟加工方法的总结和提炼形成特征库，是实现自动编程的必要条件。加工知识库编辑器（Machine Knowledge Editor）就是收集特征库并为其定义加工方法的工具。

对于 NX 系统自带特征库中未覆盖的几何特征，我们可以采取几何特征的示教法对已有的特征库进行扩充。这种特征的扩展不仅是形状的扩展，更是工艺要求的扩展。在新的自定义特征通过示教方式导入特征库后，用户可以再通过工艺示教方式为新添加的特征定义加工工序。

下面假设一个场景来具体研究识别特征的过程。

不同的加工要求应使用不同加工方法。假设对于简单的孔加工，有三种加工场景：

① 没有任何公差要求的标准孔的加工。

② 直径公差小于 H7 的孔加工。

③ 有特别要求的孔（根据孔属性定义）的加工步骤。

1）打开文件"09-示教特征_01. prt"。

2）在【特征】工具栏中单击【查找特征】按钮，按图 9-7 所示进行操作。

3）在【查找特征】对话框中，确认【限制搜索区域】是燕尾槽左边的两个孔，这是需要定义的几何形状。

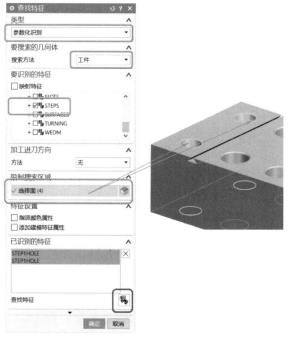

图 9-7 【查找特征】设置

□ 🔲 **step1hole_teach**

　　✔ **STEP1HOLE_1**

　　✔ **STEP1HOLE_2**

　　将这些几何形状按照预先设想的分为四类：标准、有颜色、自定义要求和带精度要求。将这四类要求分为两种名称：标准和有公差。

STEP1HOLE, 无公差 ➡ **STANDARD_HOLE**

STEP1HOLE, 黄色(色号为6) ➡ **TOLERANCED_HOLE**

STEP1HOLE, PMI 直径公差≤H7 ➡ **TOLERANCED_HOLE**

STEP1HOLE, 面属性定义 ➡ **TOLERANCED_HOLE**

　　4）在【加工特征导航器】中单击鼠标右键，在快捷菜单中选择【示教特征映射】命令，来建立新的几何形状特征与加工方法特征。在【选择输入类型】下拉列表中选择【STEP1HOLE】，单击【添加新类型】按钮 🔳，命名为【STANDARD_HOLE】，如图9-8所示。

　　5）建立第一个条件，即标准孔的加工。

　　选择【STANDARD_HOLE】，单击【添加新规则】按钮 🔳，其余操作与参数设置如图9-9所示。单击【确定】按钮，创建映射规则。

　　6）设置【选择输入类型】为【STEP1HOLE】，单击

图 9-8 建立新特征

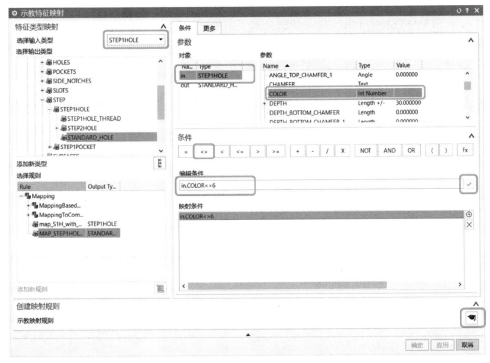

图 9-9　映射规则定义

【添加新类型】按钮，命名为【TOLERANCED_HOLE】。单击【添加新规则】按钮，其余操作和参数设置如图 9-10 所示。

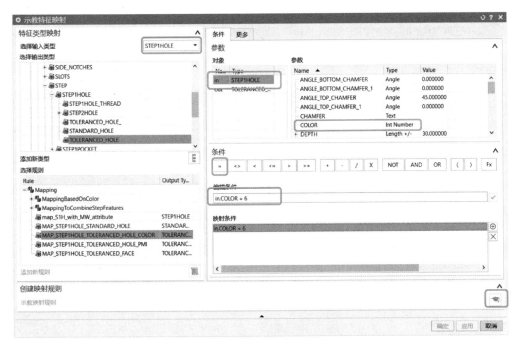

图 9-10　添加颜色条件定义规则

7）接着再为此类孔定义公差带，其中 DIAMETER_1 是和孔径相关的变量，DIAMETER_1.UPPER 和 DIAMETER_1.LOWER 是和此孔加工公差相对应的变量。条件定义如图 9-11 所示。

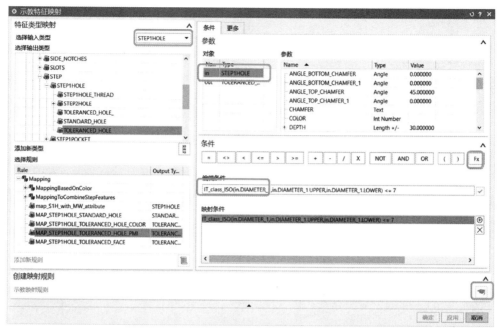

图 9-11　条件定义（一）

8）最后按要求定义有面属性说明的特征。如图 9-12 所示，【is_defined（in.MW_HOLE_GUIDE_PIN_FIT）】此条件的含义是此特征中所包含的几何面中，是否附加定义了 MW_HOLE_GUIDE_PIN_FIT 属性。

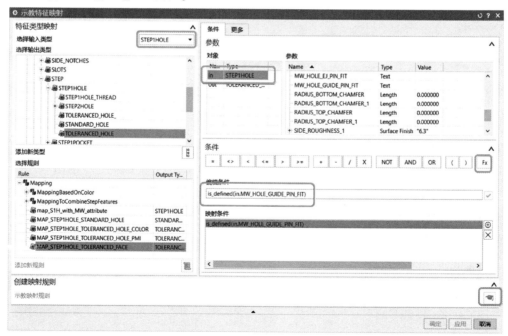

图 9-12　条件定义（二）

由于这些要求都是在相近的几何形状上定义的不同加工要求，因此，还需要对这些区分规则加以重要性的区分，对 TOLANCE_HOLE 对应的规则分别定义优先级（100），也就是优先级最高，如图 9-13 所示。单击【确定】，加入系统库中。至此已经定义了特征映射的相关规则，即如果孔的颜色为黄色（在 NX 系统中，COLOR = 6 为黄色），或者定义了面属性【MW_HOLE_GUIDE_PIN_FIT】，则系统会把其映射为有加工公差要求的孔。否则，则映射为没有公差要求的标准孔。在下面的【查找特征】命令中，系统会根据已经定义好的规则来识别特征。

图 9-13 优先级设定

1）在【加工特征导航器】中单击鼠标右键，在快捷菜单中选择【查找特征】。

2）在【查找特征】对话框中，设置【类型】为【参数化识别】，【搜索方法】为【所有几何体】；在【要识别的特征】选项组中勾选【映射特征】复选框，然后勾选【STANDARD_HOLE】和【TOLERANCED_HOLE】节点，取消勾选【Recognition】节点；在【加工进刀方向】选项组中，设置【方法】为【无】；在【特征设置】选项组中，勾选【指派颜色属性】。

3）在【已识别特征】选项组中，单击【查找特征】按钮。而后在【加工特征导航器】中分别选择图 9-14 所示的 4 个特征，单击右键，选择【特征成组】命令，打开【特征成组】对话框，单击【创建特征组】按钮，最后单击【确定】按钮。在【工序导航器】中出现【FG_STANDARD_HOLE】节点。重复以上操作，将其他 3 个特征成组。

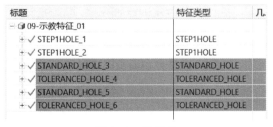

图 9-14 特征树

4) 为了便于区别以后创建的加工策略, 将上述特征组重新命名, 如图 9-15 所示。

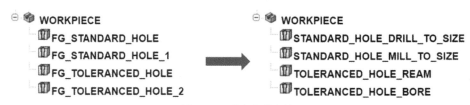

图 9-15 重命名特征组

针对不同的特征组去创建各组的加工方法。在本例中, 可以将事先创建好的加工工序分别粘贴到对应的特征组下面, 如图 9-16 所示。

图 9-16 不同特征组的加工工序策略

将上面定义的不同要求的加工方法加入到特征库中, 建立加工方法库。

在【工序导航器】中, 选择【STANDARD_HOLE_DRILL_TO_SIZE】特征组, 单击鼠标

右键，在快捷菜单中单击【对象】──→【示教工序集…】按钮，如图 9-17 所示。

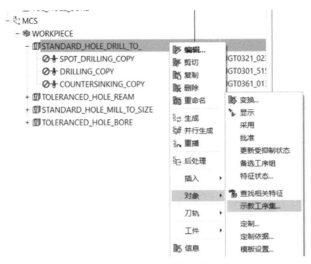

图 9-17　选择【示教工序集】

在【示教工序集】对话框中，先定义优先级。选择【STANDARD_HOLE_DRILL_TO_SIZE】，在【更多】选项卡中的【优先级】文本框中输入【100】，如图 9-18 所示。

图 9-18　【优先级】设置

在【条件】选项卡中，需要定义在这个工艺方案中的参数和刀具参数。

① 首先来定义孔径比小于 6mm 的孔，使用直接钻孔的方式来完成加工，在 STANDARD_HOLE_DRILL_TO_SIZE 特征【条件】中来定义上述特点：

其中 ftr 代表当前特征，DEPTH 为当前特征深度参数，DIAMETER_1 为当前特征的直径。

ftr.DEPTH/ftr.DIAMETER_1 <6 {特征的深度和直径的比值小于 6}

DRILLING

在钻孔加工中选择刀具的条件是刀具直径与被加工的孔径保持一致：

tool.DIAMETER = ftr.DIAMETER_1 {刀具直径等于孔径}

同时钻头的切削刃长需要大于孔的深度：

tool.FluteLength>ftr.DEPTH {刀具切削刃长大于孔深}

COUNTERSINKING

对于顶端需要倒角的孔，将添加额外的加工工序，其倒角工序使用的刀具的选择条件是：

tool.DIAMETER>ftr.DIAMETER_1 {刀具直径大于孔径}

tool.DIAMETER<2* ftr.DIAMETER_1 {刀具直径小于 2 倍的孔径}

这样就完成了直接钻孔的加工特征的示教。

② 对于铣孔的加工规则定义：

📦 **STANDARD_HOLE_MILL_TO_SIZE**

ftr.DEPTH/ftr.DIAMETER_1<6 {孔深与孔径之比小于 6}

⊞ 🔩**PRE_DRILLING**

tool.DIAMETER<ftr.DIAMETER_1 {刀具直径小于孔径}

⊞ 🔩**HOLE_MILLING**

tool.DIAMETER<ftr.DIAMETER_1* 0.85 {刀具直径小于孔径的 0.85 时适用铣孔}

⊞ 🔩**HOLE_CHAMFER_MILLING_1**

tool.DIAMETER<ftr.DIAMETER_1* 0.85 {刀具直径小于孔径的 0.85 时适用铣倒角}

单击【示教规则】🎓，再单击【确定】按钮。

③ 对 TOLERANCED_HOLE_REAM 的加工步骤定义条件：

📦 **TOLERANCED_HOLE_REAM**

ftr.DEPTH/ftr.DIAMETER_1<6 {孔深与孔径之比小于 6}

IT_class_ISO(ftr.DIAMETER_1,ftr.DIAMETER_1.UPPER,ftr.DIAMETER_ 1.LOWER)<=5 {当尺寸公差带级别≤5 时,适用此铰孔程序}

⊞ 🔩**DRILLING_T1**

tool.DIAMETER<=ftr.DIAMETER_1-2.0

tool.FluteLength>ftr.DEPTH

⊞ 🔩**BORE_T1**

tool.DIAMETER<=ftr.DIAMETER_1-0.15

tool.DIAMETER>=ftr.DIAMETER_1-0.2

⊞ 🔩**REAM_T1**

tool.DIAMETER=ftr.DIAMETER_1

tool.FluteLength>ftr.DEPTH

⊞ 🔩**COUNTERSINKING_T1**

tool.DIAMETER>ftr.DIAMETER_1

tool.DIAMETER<2* ftr.DIAMETER_1

单击【示教规则】🎓，再单击【确定】按钮。

④ 对 TOLERANCED_HOLE_BORE 的加工步骤定义条件：

📦 **TOLERANCED_HOLE_BORE**

ftr.DEPTH/ftr.DIAMETER_1<6 {孔深与孔径之比小于 6}

IT_class_ISO(ftr.DIAMETER_1,ftr.DIAMETER_1.UPPER,ftr.DIAMETER_ 1.LOWER)>5 {当尺寸公差带级别≥5 时,适用此镗孔程序}

⊞ 🔩**DRILLING_T2**

tool.DIAMETER<=ftr.DIAMETER_1-2.0

tool.FluteLength>ftr.DEPTH

⊞ ┰**BORE_T2**

`tool.DIAMETER=ftr.DIAMETER_1`

⊞ ┰**COUNTERSINKING_T2**

`tool.DIAMETER>ftr.DIAMETER_1`

`tool.DIAMETER<2* ftr.DIAMETER_1`

单击【示教规则】 ，再单击【确定】按钮。

这样就完成了特征的定义，包括几何形状、加工条件和步骤等。

9.4　加工实例

利用上节定义的映射规则加工一个模板。

打开模型文件"09-示教特征测试.prt"，零件模型如图 9-19 所示。

在【加工特征导航器】中单击鼠标右键，在快捷菜单中选择【查找特征】命令。打开【查找特征】对话框，按图 9-20 所示进行参数设置。

系统将自动按预先设定的映射规则查找加工特征。查找特征的结果如图 9-21 所示。

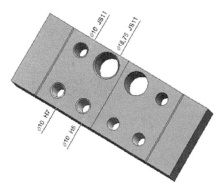

图 9-19　零件模型

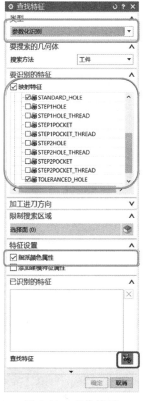

图 9-20　查找特征

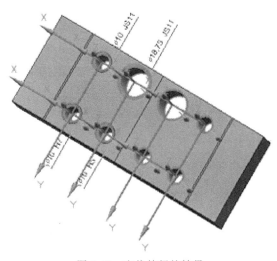

图 9-21　查找特征的结果

在【加工特征导航器】中选择所有特征，单击鼠标右键，在快捷菜单中选择【创建特征工艺…】命令，如图 9-22 所示。

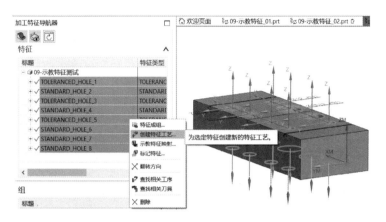

图 9-22　为识别出的特征创建操作

在【创建特征工艺】对话框中，按图 9-23 所示进行参数设置。单击【确定】按钮，完成自动数控编程。

在【工序导航器-几何】视图中可以看到各特征组的加工工序，如图 9-24 所示。将所有的工序计算刀轨，再检查刀轨，完成编程。

图 9-23　设置【创建特征工艺】对话框

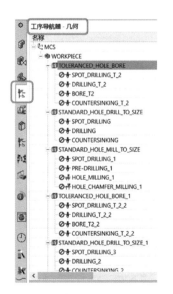

图 9-24　【工序导航器-几何】视图

总之，使用基于特征的自动化编程是一个定义和扩展企业特征库和加工工艺库的过程。用户可以用 NX 自带特征库和工艺库为基础，根据企业加工产品的需求，不断地丰富和完善自己的知识库。知识库的完善程度越高，自动化编程的效率就会越高，可以大幅减少编程的时间与成本，便于产品及工艺知识的积累和重用，极大促进企业的生产自动化进程。

第 10 章 后处理

数控机床输出的刀轨源文件通常包含刀具运动的相关信息（如 goto 语句、进给率和刀轴方向）、机床控制指令（如冷却条件、换刀）、用户定义事件（UDE）等，由于数控机床的结构不同、机床控制系统对程序格式的要求和指令不同等原因，机床无法直接识别这些信息，后处理就是将这类信息处理为符合某一机床或控制系统要求的格式和指令的过程。

后处理是数控加工制造中一个重要的环节，其任务是将软件生成的刀轨转换成机床可识别的数控（NC）代码。进行后处理必须具备两个要素，即刀轨和后处理器。刀轨就是刀具轨迹位置和各种属性信息所构成的数据集；后处理器则是一个包含了数控机床描述信息及其控制器系统信息的处理程序，它读取刀轨数据，再将其转化为机床及其控制器系统可以识别的代码。

10.1 NX 后处理

NX 中的 CAM 模块提供了一种性能优异的后处理接口，即 Post Builder，可以通过 Post Builder 工具建立与机床控制系统相匹配的后处理器文件。以 CAM 中生成的零件加工刀轨为输入信息，通过与定制的各种结构的机床后处理器结合，完成一些特定信息的后处理。后处理流程如图 10-1 所示。

Post Builder 的执行包括事件生成器（Event Generator）、事件处理文件（Event Handle）、事件定义文件（Definition File）、后处理用户界面文件（Post User Interface File）和输出文件（Output file）。其中，事件生成器、事件处理文件和事件定义文件相互关联，一起把 NX 的刀轨源文件处理成可被机床接收的代码。

1）事件（Event）是后处理的一个数据集，它的作用是用来对机床的每一个动作进行控制，而事件生成器负责将事件传给 Post Builder，它可以在 CAM 的【主页】选项卡或【菜单】中进行调用。

2）事件处理文件是一个用 TCL（Tool Command Language）语言写成的文件，其中定义了每一个事件的处理方式。

3）事件定义文件是用于定义经过处理后的事件输出的数据格式的文件，后缀名为".def"。

4）输出文件是指 Post Builder 输出的 NC 程序。

CAM 的后处理机制采用的是 TCL 语言规范，这些 TCL 指令会从 CAM 安装文件中获取信息，并依照定义的规则对它们进行处理，输出可以被机床控制系统使用的文件格式。这些 TCL 指令可以被高度定制，可以人工编辑和定制 TCL 指令，实现了 Post Builder 的可扩展性，

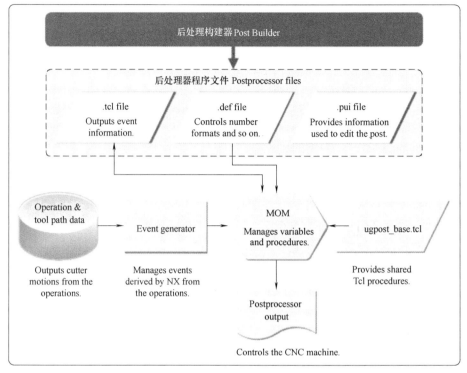

图 10-1　后处理流程

但需要用户掌握相应的 TCL 语言知识，编辑过程较为繁琐。

10.2　加工输出管理器

　　加工输出管理器（Manufacturing Output Manager，MOM），是一个应用程序。Post Builder 通过它来启动后处理，将内部的刀轨数据加载给解释程序，并打开事件处理文件和事件定义文件。

　　事件生成器循环读取刀具轨迹源文件中的每一个事件和相关信息，将其交给 MOM 处理，MOM 根据需要加载运动学信息，并将事件和变量数据传送到事件处理文件，其输入格式在 ".cdl" 格式文件中定义，由事件处理文件来分类处理每一个事件。

　　事件处理器将每个事件处理后的结果传回 MOM，与此同时输出管理器将传回的结果交给事件定义文件，由其决定数据最终的输出格式。

10.3　后处理配置器（Post Configurator）

10.3.1　后处理配置器概述

　　Post Configurator 是继 Post Builder 之后，CAM 基于相同的底层 MOM 架构开发的用于创建和编辑后处理文件的全新工具，它不是 Post Builder 的拓展或替代产品，西门子（Siemens）公司在 NX10.0 版本中添加了该工具。目前，Post Builder 仍将继续使用，所有使用 Post Builder 创建的后处理器都可以继续使用，而对于 NX 软件自带的具有机床仿真案例的后处理器，都已经被转换为基于 Post Configurator 创建的后处理器。如图 10-2 所示。

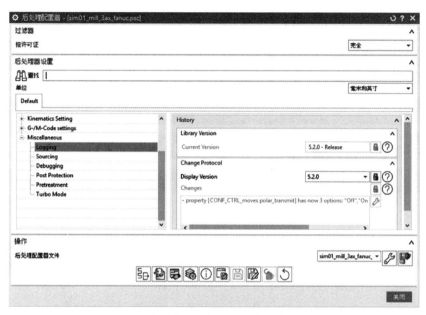

图 10-2　建立后处理配置器

由于 Post Configurator 与机床构建器集成，因此使用 Post Configurator 创建和编辑后处理文件的大部分工作依赖于 CAM 安装文件和加载的机床运动学模型信息，这类信息在后处理文件、NX 运动学模型和 NX 机床仿真文件（MCF 和 CCF 文件）中不需要被重复设定，Post Configurator 可以自动将具体的控制器信息和机床运动学信息添加到后处理文件。

10.3.2　后处理配置器的层概念

Post Configurator 的设计目的是提高代码的重用性，基于其创建的后处理器会被分割成具有不同功能的多个层（Layers），所以基于 Post Configurator 创建的后处理器会比其他后处理器拥有更多的文件。通过层的概念，用户可以添加新的功能，覆盖现有功能，添加 TCL 代码或者对后处理器进行加密保护等，层与层之间是相互独立并且可以被重用的。

图 10-3 所示为基于 Post Configurator 创建的后处理器的标准层结构。从下至上，层的结构依次为基础层（Base Layer）、控制器层（Controller Layer），MTB 层（MTB Layer）、OEM 层（OEM Layer）、机床层（Machine Layer）、服务层（Service Layer）和客户层（Customer Layer）。每一层都有与之相对应的文件夹或文件，每层具有不同的功能，统一工作却又彼此相互独立。

（1）Base Layer　Base Layer 是 Post Configurator 后处理器中最基础的层结构，它包含了所有类型后处理器的基本功能，如数学功能、文件访问功能等。这一层用户不能对其进行更改。后处理器中 Libraries 文件夹中的所有文件都属于 Base Layer。

（2）Controller Layer　Controller Layer 与数控机床的控制系统有关。在创建后处理器时，

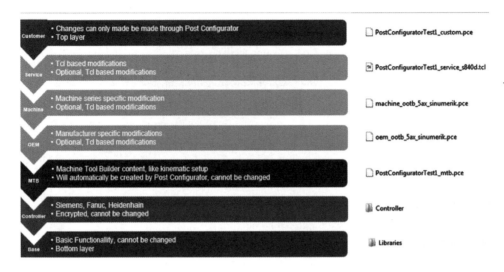

图 10-3　后处理层

Controller Layer 将根据用户的选择插入到后处理器中，用户同样不能对其进行修改。目前，Post Configurator 提供 Sinumerik 840D/820D，Fanuc、iTNC530/640、Okuma OSP Mill/Turn/Multifunction 等多个 Controller Layer 以及一个通用的 Controller Layer（Generic，类似 ISO）和一个控制器模板（Controller Template）。在后处理器中，Controller 文件夹中的文件都属于 Controller Layer。

（3）MTB Layer　"＊＊＊_mtb.pce"文件与 MTB Layer 相对应，它由 Post Configurator 直接生成并加密，不可被用户修改。MTB Layer 中包含了机床构建器模块的相关信息，如轴名称、轴数据及运动学结构等，在后处理器中自动实现机床运动学定义。

（4）OEM Layer　"oem_＊＊＊.tbc"文件和"oem_＊＊＊.def"文件与 OEM Layer 对应，用户可以通过 Post Configurator 用户界面修改该文件，实现客户定制化。

（5）Machine Layer　"machine_ootb_5ax_＊＊＊.tbc"文件属于 Machine Layer，用户可以通过 Post Configurator 用户界面进行修改，实现客户定制化。

（6）Service Layer　"＊＊＊_service_controller.tcl"文件和"＊＊＊_service.def"文件对应于 Service Layer，用户可以通过 Post Configurator 用户界面对其进行修改，实现客户定制化。

（7）Customer Layer　"＊＊＊_custom.pce"文件属于 Customer Layer，该层为后处理器的最顶层，也是用户通常用于定制后处理器的层，它的更改只能通过 Post Configurator 用户界面进行修改。

这种层结构允许后处理器的开发者对现有后处理器的层进行替换，因此容易实现对现有代码的重用。例如：每个后处理器开发人员将构建一个包含不同层的数据库，如图 10-4 所示。根据客户的要求，能够将经过验证的层打包到一个新的后处理器，这个后处理器最终将在 Service Layer 和 Customer Layer 中进行专门针对客户需求的调整，这将大大减少新后处理器的交付时间。

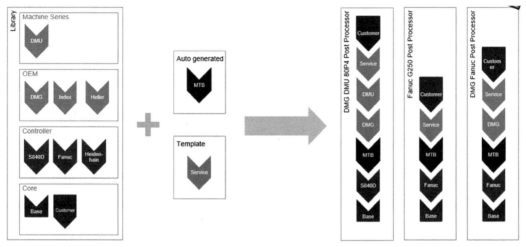

图 10-4　层的构成

10.3.3　后处理配置器的使用

Post Configurator 是集成在 CAM 中的后处理编辑工具。在 CAM 模块中打开零件模型文件之后，可以直接在 CAM【主页】选项卡或【菜单】中调用【后处理配置器】命令，单击【菜单】→【工具】→【机床实用工具】→【后处理配置器】按钮，如图 10-5 所示。用户也可通

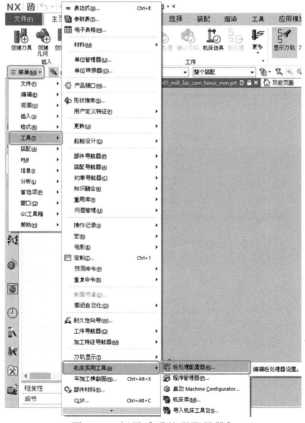

图 10-5　打开【后处理配置器】

过【命令查找器】搜索"后处理配置器"将其打开。

单击【后处理配置器】按钮后，打开【选择后处理器】对话框，在【后处理器】列表中默认显示的 5 个后处理器是 NX 软件安装后自带的基于 Post Configurator 创建的后处理器范例，其地址位于 NX 安装目录下的"\ MACH \ resource \ postprocessor"文件夹，单击【确定】按钮后即可打开被选中的后处理器范例。

单击【浏览以查找后处理器】按钮可以浏览并打开所需要的后处理配置器文件"＊＊＊. psc"。

单击【新建后处理器】按钮可以根据用户的需求自行创建新的后处理器，新创建的后处理器将被添加到【后处理器】列表。该列表中只显示基于 Post Configurator 创建的后处理器，基于 Post Builder 的后处理器将不会被显示。

图 10-6 所示为【后处理配置器】对话框，其大致分为 3 个主要区域，即配置对象栏，属性栏和操作栏。

图 10-6 【后处理配置器】对话框的主要区域

（1）配置对象栏　配置对象栏为后处理器的选项组，采用树型结构，可以展开或折叠一个选项下的子选项。

（2）属性栏　在配置对象栏中选择某一个子选项后，可以在属性栏中单独更改其相对应的属性。

（3）操作栏　可以在操作栏中进行后处理，编辑文件、管理层结构或加密后处理器等操作。

图 10-7 所示为【后处理配置器】对话框中各选项的主要功能。

（1）许可证过滤器　后处理配置器拥有 3 种许可证类型，分别是【基本】，【高级】和【完全】，用户可以根据需要选择合适的许可证进行使用。该选项并不是默认显示，用户可以在【用户默认设置】对话框中设置，单击【文件】→【实用工具】→【用户默认设置】→【加工】→【后处理配置器】→【对话框】，勾选【显示过滤器组】。

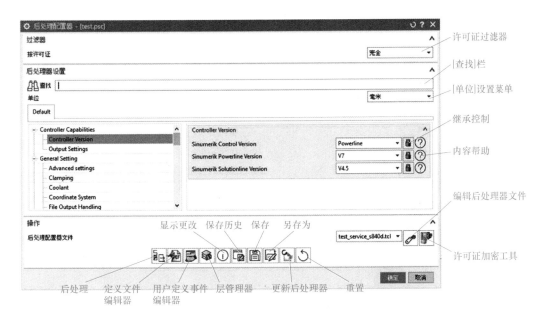

图 10-7 【后处理配置器】对话框中各选项的主要功能

（2）【查找】栏 在【查找】栏中可以搜索关键字，用于查找属性栏中的属性。

（3）【单位】设置菜单 该选项可以设置后处理器显示属性值的单位，而非定义后处理器输出文件中的数值单位。

（4）【继承控制】 控制该属性设置的是默认值还是更改后的值。

（5）【内容帮助】 可以显示针对单个属性的描述信息。

（6）【编辑后处理器文件】 单击该按钮可以启动一个集成在后处理配置器中的 TCL 编辑器，该编辑器仅限于修改那些用户被授权修改的层文件。

（7）【许可证加密工具】 该选项可以对后处理器文件进行加密，用户可以自行指定客户 ID 和后处理器的失效时间。

（8）【后处理】 选择一个或一组工序，运行当前修改的后处理器并验证最新的输出结果。

（9）【定义文件编辑器】 用于管理和编辑后处理器定义文件，创建和修改块模板，单词，表达式和格式设置。

（10）【用户定义事件编辑器】 用于管理和编辑后处理器 ".cdl" 文件，新建、更改或删除用户定义事件。

（11）【层管理器】 用于创建、编辑、删除层文件，更改层结构，导入或导出层文件。

（12）【显示更改】 该按钮可以将用户通过【后处理配置器】对话框对后处理器所做的更改显示在一个信息窗口。

（13）【保存历史】 该功能将记录后处理器的历史记录，用户可以添加保存时间、注释及用户名称。

（14）【保存】 保存对属性的更改。

（15）【另存为】 使用不同名称保存后处理器。

（16）【更新后处理器】 用户可以使用该功能更新后处理器运动学或后处理器库的版本。

（17）【重置】 该选项将重置所有通过后处理配置器用户界面进行的修改。

10.4 基于后处理配置器定制后处理器

10.4.1 G 代码概述

后处理的目的是生成一个机床能用的 G 代码程序。这需要先了解机床的编程手册，从中了解 G 代码程序的格式要求，还要了解机床的结构等。

G 代码程序的格式要求如下：

（1）程序开始符、结束符 程序开始符、结束符是同一个字符，ISO 代码中是%，EIA 代码中是 EP，书写时要单列段。

（2）程序名 程序名有两种形式：一种是英文字母 O（%或 P）和 1~4 位正整数组成；另一种是由英文字母开头，字母和数字多字符混合组成的程序名（如 TEST1 等）。一般要求单列一段。

（3）程序主体 程序主体是由若干个程序段组成的。每个程序段一般占一行。

（4）程序结束 程序结束可以用 M02 或 M30 指令。一般要求单列一段。

10.4.2 后处理器的创建

打开【选择处理器】对话框，单击【新建后处理器】按钮，设置【新建后处理器】对话框，如图 10-8 所示。

图 10-8　创建后处理器

单击【确定】按钮，进入【后处理配置器】对话框。首先，检查机床的结构设置是否符合实际要求。然后，正确调整各个轴上的相关设置，确保和实际机床一致。在【Real Machine Kinamitics】选项组中定义各轴的参数，如图 10-9 和图 10-10 所示。

单击【保存】按钮图后，可以在工序导航器中任意选择一个工序，再单击【后处理】按钮来测试这个后处理器。

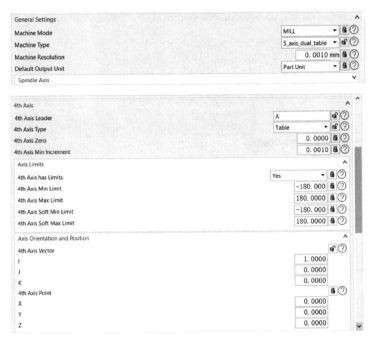

图 10-9　机床结构设置（一）

图 10-10　机床结构设置（二）

10.4.3　后处理器的修改

在后建立处理器的基础上，如果需要进行改动，可以在【后处理配置器】对话框中，选择可调的选项来完成调整后处理器。例如：需要将刀具的输出形式改为【T1】，以输出刀具的刀号形式。在对话框中找到刀具处理区块【Tool Change】，选择为【Tool Change by Number】，如图 10-11 所示。

对比处理前后结果的变化，如图 10-12 所示。

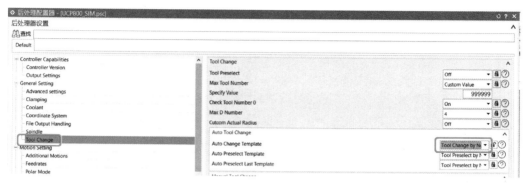

图 10-11　更换刀具定义

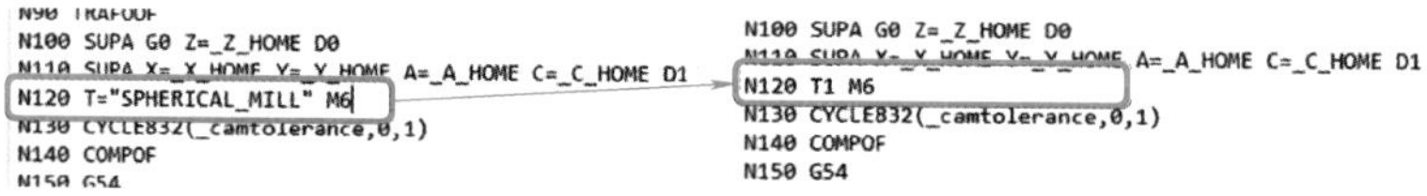

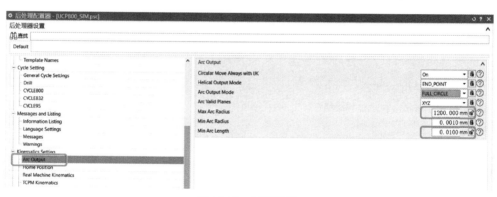

图 10-12　结果对比

如果需要将最小圆弧的弧长定义为 0.01mm，最大圆弧的半径定义为 1200mm，以确保圆弧加工时的机床插值精度，可通过定义圆弧的选项，填入相应的数据，如图 10-13 所示。

图 10-13　圆弧设置

10.4.4　后处理器的调试

以上这种简单的调整与修改只能是在原有模板的框架之下进行较小范围的进行，而实际机床的状态变化有可能不在这个可调范围之中，所以需要更灵活的编辑手段，即对后处理器进行调试。

在【Debugging】中将【Show Inspect Tool】设置为【ON】，即可进入调试环境，以获得更灵活而广阔的编辑能力，如图 10-14 所示。

假设，机床在 Z 轴方向有一个辅助轴 W，当 Z 轴达到加工深度时使用 W 轴做预伸长处理，让后续的程序按新的坐标构架继续进行，可在【Sinumerik 840D】控制器中用附加坐标偏置的指令来实现这个要求。例如：在程序的起始阶段和每个子程序的开始阶段都增加指令：

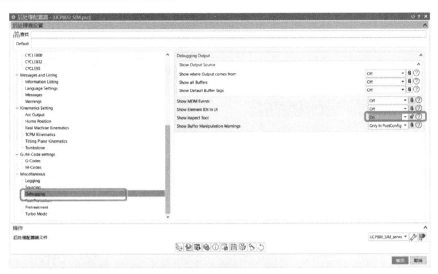

图 10-14　后处理器的调试

```
ATRANS Z-200 W200
G0 Z0 W0
```

1）单击【用户定义事件编辑器】按钮，设置 W 轴向外伸出的距离，即在后处理信息中增加一个自定义事件，具体参数设置如图 10-15 所示。

图 10-15　自定义事件设置

单击【预览对话框】按钮，预览建立的对话框是否正确，如图 10-16 所示。确认建立正确后，单击【在信息窗口中列出事件】按钮，在【信息】窗口可以看到事件代码，如图 10-17 所示。保存这个代码以备后面使用。

单击【确定】按钮保存后置文件，这时在后置文件相对应的目录下就会生成 ".cdl" 后缀文件，如 "UCP800_SIM_CUSTOM.cdl"。注册用户自定义事件到 NX CAM 系统中，将该 ".cdl" 文件复制到目录 "ude.cdl" 下，在该文件的第二行增加一行："INCLUDE ｜$ UGII_

CAM_USER_DEF_EVENT_DIR/UCP800_SIM_custom.cdl}",如果有多组不同的事件定义,也可以增加多行相同格式代码。该注册需要重新启动 NX 才能生效。

图 10-16 自定义事件预览

图 10-17 自定义事件代码

2)找到后处理程序运行的初始运行(initial move)位置和起初运行(first move)位置,打开后置编辑器的调试开关,来寻找相应的位置。首先找到程序的初始运行位置,如图 10-18 所示。将复制的内容临时保存备用。

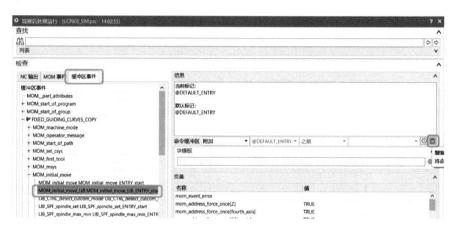

图 10-18 初始运行位置

再找到程序的起始运行位置,如图 10-19 所示。同样,将复制的内容保存备用。

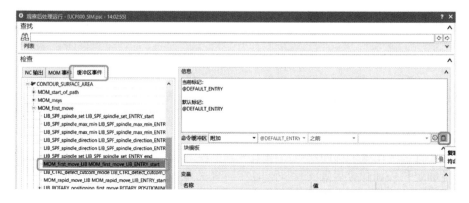

图 10-19 起始运行位置

3）定义输出格式。单击【定义文件编辑器】按钮，"ATRANS Z-200 W200"这个格式分为三段，分别为"ATRANS""Z-200""W200"，如图 10-20 所示。对于【Words】列中的各项具体参数如图 10-21 所示。

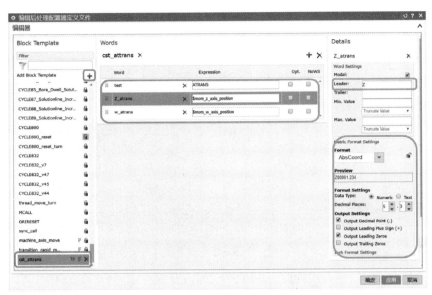

图 10-20　格式的定义

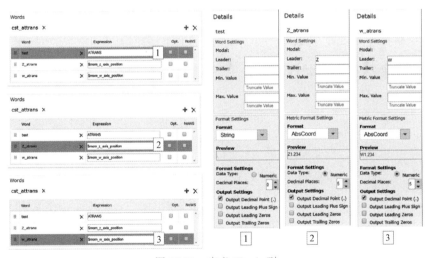

图 10-21　定义 Words 列

同样，可以建立"G0 Z0 W0"的输出格式，具体参数设置如图 10-22 所示。

在所有内容都正确定义完成后，单击【应用】——→【确定】按钮，结束格式的定义。

4）在程序运行的初始运行位置和子程序的起初运行位置增加 ATRANS 指令输出。

```
proc cst_additional_offset {} {
......
MOM_output_literal ";——→ATRANS" (指令输出)
MOM_do_template cst_attrans (添加指令对应的模板)
```

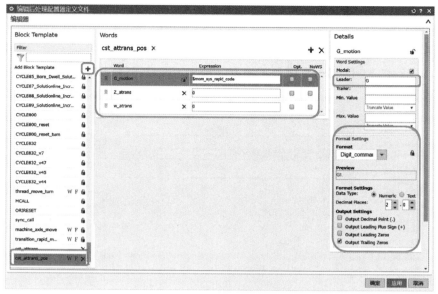

图 10-22　格式的定义

MOM_do_template cst_additional_offset（执行偏置模板）

}

按照要求将以上的处理程序在相应的 NC 程序位置体现：单击【编辑后置处理编辑文件】🔧，将以前保存备用的代码复制到该文件的最后，同时将处理这个自定义事件的代码也复制到该文件中作为处理方法。

单击【确定】按钮进行代码的验证。单击【后处理】🔳按钮测试代码的正确性。

第11章 机床仿真

在实际生产制造过程中，由于数控机床各部件精密程度较高，价格昂贵，所加工的零件产品一般也具有较高的附加值。使用计算机辅助制造系统对零件进行数控编程对用户的技能和经验要求较高，特别是针对复杂曲面、复杂结构类零件的多轴联动数控程序编制，编程过程抽象，信息处理量大，过切和碰撞很难预测。刀具如果以极高的转速和进给速度与零件、夹具系统、机床床体及其他加工范围内的设备相互碰撞，将威胁现场工程人员和机床设备安全，引发生产责任事故。所以对于数控加工特别是多轴联动加工，新编程序的首件试切尤为重要。但在实际生产中，通常具有较高附加值的零件产品加工精度极高，加工工时较长，大量机时的无效占用和零件的试切报废，导致试切成本极高，所以迫切需要引入机床仿真加工技术，提高机床可用性和加工效率。

不同的加工阶段和不同的加工要求对应不同验证仿真的内容，仿真一般分为以下几项：

（1）刀轨验证　主要用于刀具和零件之间的运动关系验证；用于被加工零件的材料去除检验。

（2）刀轨驱动机床仿真　机床在刀轨的驱动下完成机床运动的安全验证。它复合了机床的结构和刀轨的空间位置运动，以及与夹具、床身等的干涉检查。

（3）G 代码驱动机床仿真　由 G 代码（给机床使用的）作为验证对象，完成刀轨驱动仿真的工作。G 代码的解析由通用解析器来完成，从而使虚拟机床运动并检查干涉。

（4）机床控制器下的 G 代码仿真　其是完全和真实机床控制器一致的 G 代码解析仿真，解析得更准确；同样仿真机床的运动和各种干涉检查。

11.1　NX CAM 的加工仿真架构

UG NX CAM 的机床仿真处理流程如图 11-1 所示。

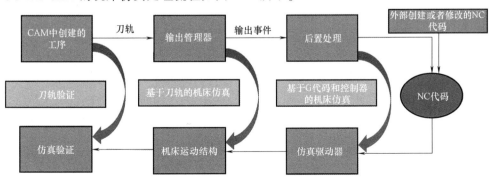

图 11-1　机床仿真处理流程

基于 NX CAM 工序创建的加工刀轨可以直接进行刀轨仿真，是最常用的仿真验证方式。该仿真仅限于在零件和刀具之间进行，可以验证刀具系统（刀具夹持器、刀柄及刀具）与零件的过切或碰撞，这种仿真方式的优点是简单易用，缺点是仅考虑零件和刀具系统而不包括夹具系统和机床，准确性和可靠性低。

工序将刀具轨迹传输给加工输出管理器，NX CAM 结合机床的运动学信息可以进行基于刀轨的机床仿真。在该仿真环境中，包括了高度还原真实情况的机床、夹具系统、刀具系统的 3D 模型和机床运动学信息，不仅可以验证刀具与零件的干涉问题，还可以检查刀具与夹具系统或机床的冲突和干涉，是更贴近加工环境的刀轨验证方式，准确性和可靠性较刀轨仿真有所提升。但是这种方式仍然是基于刀轨的可视化运动，运动行为不够精确。

加工输出管理器将 MOM 事件传输到后处理器，结合仿真引擎和机床运动学信息可以进行基于 NC 代码的机床加工仿真。该仿真方式基于集成的机床模型和 NC 代码，适用于常见的数控机床控制器，能够模拟真实机床行为及全部循环类型，精确地计算真实的运动行为和加工时间并优化二次加工时间，仿真的准确性和可靠性都得到了大幅提升。该方式不仅可以使用内部后处理器得到的 NC 代码文件，还可以导入非 NX CAM 系统生成的外部 NC 代码。

11.2　NX CAM 的机床仿真引擎

随着 NX CAM 的不断开发和完善，目前，NX 提供了一个多达 18 例机床仿真案例的机床库。其中包含了立/卧式数控车床，各种结构的 3 至 5 轴联动数控铣床，单通道单主轴车铣复合机床，双主轴双通道车铣复合加工中心，双通道龙门车铣复合加工中心，可换头式数控加工中心等市面上具有代表性的各种结构类型数控机床。NX 自带机床库的设计理念为"开箱即用"，即用户无须修改驱动程序文件，可以直接使用它们驱动虚拟机床模型。提供这些机床案例的目的一是展示 NX CAM 的最佳实践性并演示内置机床仿真的特性，二是对于一些普通机床，用户可以在机床库的基础上对部分文件进行重用，以构建属于自己的虚拟机床。

18 台数控机床案例的具体参数和特点见表 11-1。

表 11-1　18 台数控机床案例的具体参数和特点

名称	结构特点	类型	轴数	控制器
SIM01	3 轴立式,显示换刀	铣	3	Fanuc,S840D,TNC,Generic
SIM02	3 轴卧式	铣	3	Fanuc,S840D,TNC
SIM03	B 旋转,卧式	铣	4	Fanuc,S840D,TNC
SIM04	A 旋转,立式	铣	4	Fanuc,S840D,TNC
SIM05	AC 旋转,双摆头	铣	5	Fanuc,S840D,TNC,Okuma
SIM06	BC 旋转,摇篮式	铣	5	Fanuc,S840D,TNC
SIM07	BC 旋转,转头转台	铣	5	Fanuc,S840D,TNC
SIM08	AC 旋转,摇篮式	铣	5	Fanuc,S840D,TNC
SIM09	45°头	车铣复合	5	Fanuc,S840D,TNC
SIM10	单通道	车铣复合	2	Fanuc

（续）

名称	结构特点	类型	轴数	控制器
SIM11	卧式炮塔车床	车	2	Fanuc, S840D
SIM12	立式车床	车	2	Fanuc, S840D
SIM13	双通道双主轴, 卧式	车	4	Fanuc
SIM14	45°工作台	铣	5	Fanuc, S840D, TNC, Millplus
SIM15	双主轴双通道	车铣复合	9	Fanuc, S840D
SIM16	可换头	铣	5	S840D
SIM17	双通道可换头, 龙门	车铣复合	5	S840D
SIM18	AB 旋转, 摇篮式	铣	5	Fanuc, S840D, TNC, Okuma

11.2.1　仿真机床库的数据结构

机床库案例的主要数据位于两个位置，用户可以在 NX 的安装目录下 "MACH \ samples \ nc_simulation_samples" 文件夹内找到机床案例的文件，也可以从图 11-2 所示的【加工机床样本】选项卡中搜索并打开相应的机床案例。

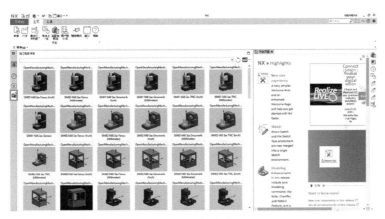

图 11-2　机床库

机床仿真案例的其他相关文件，如 CSE 仿真引擎，后处理器，机床部件，装配和运动学模型等均放置在 NX 安装目录下 "MACH\resource\library\machine\installed_machines" 文件夹内，按机床编号分别放置。

使用 SIM01 机床操作选项说明如下。

SIM01 是一台常见的 3 轴立式铣床，其所有相关文件都被放置在安装目录下 "\installed_machines\SIM01_mill_3ax" 文件夹，如图 11-3 所示，其中：

"cse_driver" 文件夹内是该机床的 CSE 仿真引擎，documentation 文件夹中是一个 ".pdf" 文档文件，描述了该例机床的结构特点等相关信息。

"graphics" 文件夹中包含机床的模型和装配文件。

cam_setup
cse_driver
documentation
graphics
postprocessor
sim01_mill_3ax_fanuc.dat
sim01_mill_3ax_generic.dat
sim01_mill_3ax_sinumerik.dat
sim01_mill_3ax_tnc.dat

图 11-3　每台机床对应的配置文件

"postprocessor" 文件夹中按控制器类型分别存放了后处理器的相关文件。

"SIM01_mill_3ax_＊＊＊.dat" 文件是一个索引文件，不同的控制器有不同的索引文件，用户打开一个带有机床的 CAM 文件时，软件通过机床库注册文件找到相应的索引文件，通过索引文件引导软件加载运行该机床仿真案例所必需的 CSE 引擎，后处理器和装配模型文件。

11.2.2 机床仿真样例的使用

系统自带的机床仿真样例有以下两种使用方法。

1. 直接使用

以使用 FANUC 系统的公制 SIM05 机床为例，用户可以通过【加工机床样本】选项卡中搜索并打开相应的机床案例，如图 11-4 所示。SIM05 是一台双摆头式 5 轴联动加工中心，机床基本结构如图 11-5 所示，刀库内含有 20 个刀位，共加载 10 把刀具。

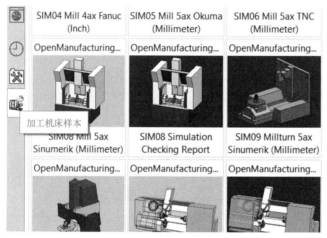

图 11-4　导航栏中的【加工机床样本】

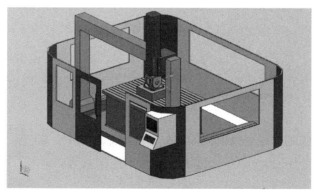

图 11-5　机床的基本结构

机床仿真加工可以运行全工艺流程仿真或单一工序仿真。选择【FACE_TOP】工序后，在【主页】选项卡中的【工序】工具栏中单击【机床仿真】按钮，进入仿真环境；或单击【菜单】→【工具】→【工序导航器】→【刀轨】→【仿真】按钮，也可进入仿真环境。

在该仿真环境中，用户可以选择【基于刀轨仿真】【基于机床代码仿真】或【外部程序仿真】。在本例中，选择【基于机床代码仿真】，如图 11-6 所示。

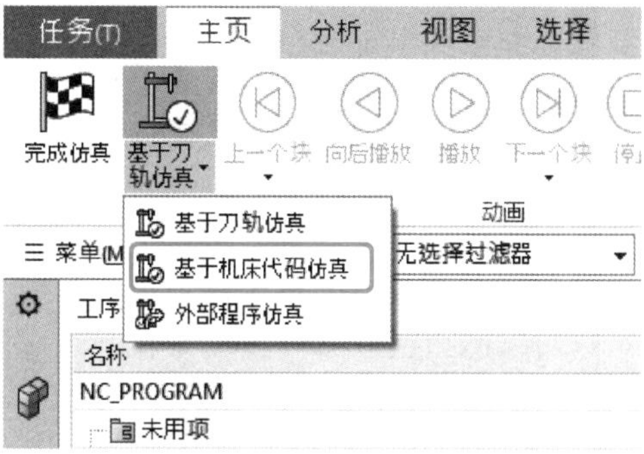

在该环境中，用户可以通过单击【播放】按钮，观看该工序完整的机床仿真加工动作。

【时间】　运行仿真开始后，【时间】栏会显示当前仿真时间，该时间等同于估计的加工时间。

图 11-6　仿真类别的选择

【向后步进】　【向后步进】下拉菜单中有多种向后步进的模式可选择，如【上一个工序】【向后步进】等。

【向后播放】　反向播放仿真。

【步进】　【步进】下拉菜单与【向后步进】菜单相对应，有多种向前步进的模式可选择。

【停止】　停止机床仿真。

【重置机床】　仿真过程中重置机床数据，重新开始仿真。

【速度】　控制机床仿真运行速度。

【刀具/IPW】　对活动刀具和 IPW 之间的干涉进行检测。该项目只有在【除料】命令被激活时才能使用。

【刀具/部件】　对活动刀具和零件之间的干涉进行检测。

【机床碰撞】　对机床组件间的干涉进行检测。该检测基于已定义的碰撞对，碰撞对的指定位于【仿真设置】选项。

【除料】　机床仿真时激活【除料】可以观察零件材料移除的动态效果。该按钮的显示效果，如 IPW 更新速度、解析效果、动画精度等可以在【仿真设置】选项中进行更改。

【分析】　分析 IPW，包括刀具、距离信息和显示剩余材料厚度的色彩图，该按钮只有在【除料】激活时才能使用。

【增强 IPW 分辨率】　指定特定的区域，局部增强 IPW 显示的分辨率，该按钮只有在【除料】激活时才能使用。

【查找结果】　显示找到的上一次机床仿真的运行信息，如碰撞或超行程等。

【详细信息】　显示有关仿真的运行信息，如使用的文件路径，碰撞或超行程信息等。

【显示机床组件】　便于显示或隐藏机床组件，可以在机床运行遇到干涉情况时一键仅显示碰撞组件，方便用户分析。

【显示机床状态】　显示机床状态，如机床轴实时位置、速度曲线等信息。

【显示执行视图】　激活后可以显示包含状态属性、NC 程序实时显示、子程序调用、变量信息、分析加工时间等。

【程序管理器】　用于管理和编辑机床代码仿真中用到的 NC 程序、INI 程序和子程序等。

【启动 Machine Configurator】　该按扭用于启动 Machine Configurator，它是一个用于编辑".mcf"和".ccf"文件的工具，需要另外进行安装。

【仿真设置】　用于配置机床仿真条件，如是否在碰撞时停止，是否检查超行程，IPW

颜色指定等。

【保存仿真设置】 仿真设置可以被保存成一个".xml"文件,方便用户使用。

【加载仿真设置】 仿真设置".xml"文件可以被加载,方便用户使用。

【当前设置】 显示最后加载的仿真设置文件。

【显示刀轨】 显示被高亮显示的工序刀轨。

【显示刀轨跟踪】 机床仿真运行时显示刀轨跟踪。

【刀轨段选择】 激活该功能可以方便定位刀轨段,使仿真运行至选定的段。

2. 加载 OOTB 机床样例

若用户有一个已经编辑好刀轨的 CAM setup 文件,需要将按照需要使用的机床类型及型号,从系统自带机床库中导入机床进行仿真加工,下面以 FANUC 控制系统公制 SIM07 机床为例介绍具体的操作方法。该机床是一台 BC 轴旋转的一转头一转台式 5 轴联动加工中心。

1) 打开文件"Impeller_cam_setup.prt",该文件是一个轴流式整体叶轮的部分加工工序,如图 11-7 所示。单击【工序导航器】——→【机床视图】按钮,切换到【工序导航器-机床】视图。

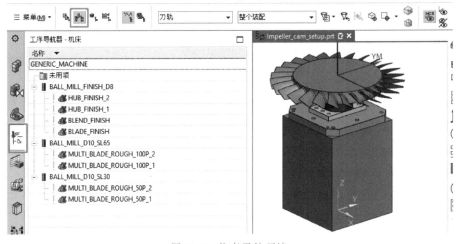

图 11-7 仿真零件环境

图 11-8 选择机床

2）双击【GENERIC_MACHINE】节点，打开【通用机床】对话框。单击【从库中调用机床】按钮，打开【库类选择】对话框，在此对话框中，将需要使用的机床库内的样例机床按照类型分类放置。选中【MILL】，单击【确定】按钮，进入匹配铣床的【搜索结果】对话框。从【匹配项】列表中选中【sim07_mill_5ax_fanuc】机床，单击【确定】按钮，如图 11-8 所示。

3）在【部件安装】对话框中，设置【定位】为【使用部件安装联接】并在【坐标系】对话框中将【指定方位】点设为（0，0，-500），其位于夹具系统垫块底面中心，如图 11-9 所示。

4）指定【选择部件】为叶轮零件模型。单击【确定】按钮将 SIM07 机床模型导入文件，如图 11-10 所示。

图 11-9　放置零件

图 11-10　指定工件部件

5）如图 11-11 所示，在看到【信息】窗口显示【机床替换成功】后，再次单击【确定】按钮。机床导入文件成功。同时，加工该零件所需的三把锥度球头立铣刀也已经被安装在机床刀库内的正确位置，如图 11-12 所示。

图 11-11　机床加载信息

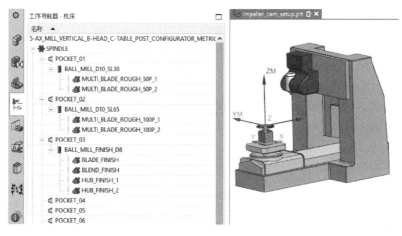

图 11-12　机床加载完成

6）单击【机床导航器】按钮，切换到【机床导航器-组装配置器】视图。在该视图中，找到【PART】【BLANK】和【FIXTURE】节点，分别选择叶轮零件几何体（图 11-13）、叶轮毛坯几何体（图 11-14）和夹具系统装配体（图 11-15）对其进行定义。

定义完毕后，在【工序导航器】→【程序顺序】视图中，即可选择任意程序组或单一工序进行机床加工仿真。

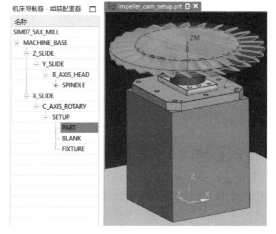

图 11-13　叶轮零件几何体

图 11-14　叶轮毛坯几何体

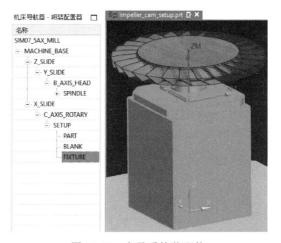

图 11-15　夹具系统装配体

11.3　仿真机床的构建案例

要进行加工程序的仿真，就要搭建机床仿真环境。即建立机床模型、定义机床运动关系、匹配后置文件、建立虚拟控制器等，而后将仿真机床注册到应用环境中。

本节引入一台机床的综合案例来进一步介绍如何通过重用机床库的部分文件来构建一台虚拟机床。

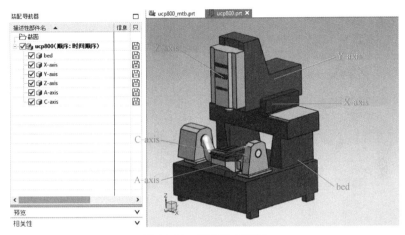

图 11-16　机床基本结构

在教学资源包对应文件夹中打开"ucp800. prt"文件，机床基本结构如图 11-16 所示。MIKRON UCP800 机床是一台 AC 轴转动的摇篮式 5 轴联动加工中心。该机床的其他参数见表 11-2。

表 11-2　MIKRON UCP800 机床参数

项目	参数值	项目	参数值
主轴转速	12000r/min,24000r/min,42000r/min	快速进给速度	30m/min
线性轴行程 X/Y/Z	800mm,650mm,500mm	定位精度	8μm
回转轴行程 A/C	−100°~120°,0°~360°	数控系统	Sinumerik 840D

用于验证机床仿真加工的零件是位于安装目录 cam_setup 文件夹中的"ucp800_mill_impeller_cam_sinumerik. prt"，打开该文件，如图 11-17 所示，该文件是一个径流式整体叶轮零件的部分加工工序。

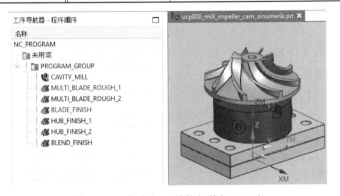

图 11-17　仿真加工零件与其加工工序

11.3.1　机床构建器

使用【机床构建器】命令对 UCP800 机床的装配文件进行运动学信息定义。

1）新建一个公制模型文件，命名为"ucp800_mtb. prt"。在装配环境下将"graphics"

文件夹中的"ucp800.prt"作为组件添加进来。装配导航器中的机床结构树如图 11-18 所示。

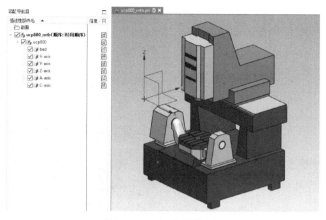

图 11-18　机床结构树

2）单击【文件】→【所有应用模块】→【加工】→【机床构建器】按钮，结果如图 11-19 所示。

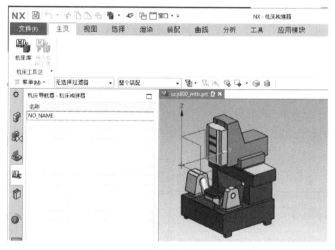

图 11-19　建立机床运动结构

注意：被 CAM 组装引用的运动学模型不能进入机床构建器环境，即进入过 CAM 加工环境的文件不能再进入机床构建器环境，需要在加工环境下删除 CAM 组装。在 CAM 加工环境下删除 CAM 组装的路径：单击【菜单】→【工具】→【工序导航器】→【删除组装】按钮，弹出【加工环境】对话框时，单击【取消】按钮，会自动进入 NX 基本环境模块。

3）单击【机床导航器】选项卡，在【机床导航器-机床构建器】视图中对 UCP800 的运动学参数进行配置。

4）双击默认的机床名称"NO_NAME"，可以对机床重命名，将其命名为"UCP800"。注意：组件名称仅包括字母、数字、点、下划线、虚线和波浪号，空格是不能被使用的。

5）配置机床的运动学组件，应该在【创建机座组件】对话框中定义机床组件，在"UCP800"组件名称上单击鼠标右键，再单击【插入】→【机座组件】按钮。机座组件名称应使用默认的"MACHINE_BASE"并指定图 11-16 中所示的"bed"组件为机座组件。如图 11-20 所示，在列表中添加两个联接，一个是"MACHINE_ZERO"，其对应的【分类联接】为【机床零点】，坐标系被指定在主轴端面中心；另一个是 A 轴的旋转轴，其名称为"A_ROT"，其对应的【分类链接】为【无】，坐标系被指定在图 11-20 所示位置。

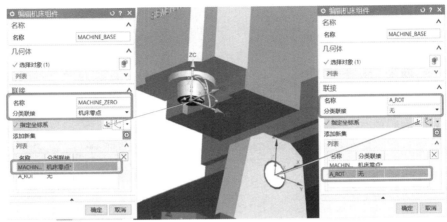

图 11-20 定义机床原点

6）分别建立各个轴的组件关系，在"MACHINE_BASE"组件名称上单击鼠标右键，再单击【插入】→【机座组件】按钮，设置【名称】为"X_SLIDE"，选择图 11-16 中所示的"X-AXIS"组件作为 X 轴的几何体，如图 11-21 所示。

7）分别按照上述方法建立机床各轴的结构关系。设置 Y 轴为"Y_SLIDE"，Z 轴为"Z_SLIDE"，A 轴为"A_TA-BLE"，C 轴为"C_TABLE"。

在"Z_SLIDE"下面建立一个"SPINDLE"组件节点，用来放置刀具，并且将其对应的【联接】选项组中的【名称】设置为【S】，【分类连接】为【刀具安装】。注意：指定坐标系时，保证 XC 轴方向沿着刀轴向上，如图 11-22 所示。

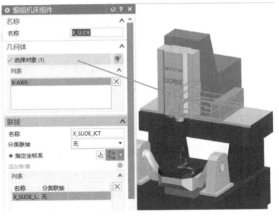

图 11-21 定义 X 轴

8）定义零件放置在机床上的参考位置，这样可以方便地将加工零件放置到虚拟机床上。在【C_TABLE】节点上，单击鼠标中键，再单击【插入】→【机座组件】按钮，建立"SETUP"组件节点。为放置空间，在此节点之下重复上述操作，建立零件"PART"，毛坯"WORK-PICE"和夹具"FIXTURE"等节点。同时，在定义"SETUP"放置空间时指定放置参考坐标系，如图 11-23 所示。

图 11-22 定义刀具轴

143

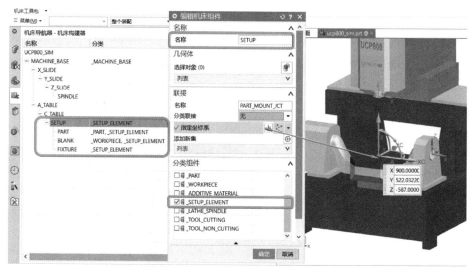

图 11-23　定义零件放置参考位置

注意：在定义各个空间时选择正确的【分类组件】类型。

9）定义各轴的运动。在【X_SLIDE】节点上，单击鼠标中键，再单击【插入】→【轴】按钮，进入【创建轴】对话框，按图 11-24 所示设置 X 轴运动参数。其余轴相关限位数据见表 11-2。

同理，分别将 Y 轴、Z 轴、A 轴和 C 轴的运动参数按上述步骤进行设置，结果如图 11-25 所示。

11.3.2　创建构架文件

在课程学习的指定位置建立图 11-26 所示的目录结构。将"UCP800_SIM.prt"文件以及该文件装配进来的所有文件复制到建立好的"graphics"子目录中。另外，将后处理文件放置在"postprocessor"子目录下。

11.3.3　创建虚拟控制器

虚拟控制器是用来驱动机床模型运动和判断机床代码指令正确与否的计算器。建立好这个计算器对于判断仿真的正确性至关重要。

图 11-24　X 轴运动参数设置

图 11-25　各轴运动参数

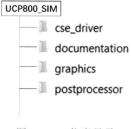

图 11-26　仿真目录

11.3.4　注册仿真机床

仿真机床的注册是将建立好的文件夹（图 11-26）放到 NX CAM 的安装目录中去，使其在 NX CAM 中可以被使用。这种注册分为创建者注册和使用者注册。

1. 创建者注册

将建立好的文件目录复制到 NX CAM 的安装目录"\MACH\resource\library\machine\installed_machines"中。编辑文件"machine_database. dat"，该文件在"\MACH\resource\library\machine\ascii"目录中。添加一行定义，用来增加一台机床。格式为：

DATA|LIBRF|T|MNF|DESCR|CNTR|Example|POST|RIGID|GRAPHICS

其中　LIBRF——唯一的记录标识符；

　　　　T——机床类型（MDM0101 为铣床，MDM0104 为车铣机床，MDM0201 为车床，MDM0204 为铣车机床，MDM0301 为线切割机床，MDM0901 为其他）；

　　　MNF——机床制造商；

　　DESCR——简单的描述（如 3 Axis Mill）；

　　CNTR——机床虚拟控制器文件指向；

　Example——机床制造商名称；

　　POST——后处理文件指向；

　　RIGID——应用于加工数据库中数据的系数（通常是一个小于或等于 1 的数字）；

GRAPHICS——机床模型文件的目录指向。

例如：

DATA|UCP800_5ax_sinumerik|MDM0101|5-Ax_Mill_Vertical_AC-Table Post Configurator metric|Sinumerik|Example| ${UGII_CAM_LIBRARY_INSTALLED_MACHINES_DIR} UCP800_SIM_5ax/UCP800_SIM. dat|1. 000000| ${UGII_CAM_LIBRARY_INSTALLED_MACHINES_DIR} UCP800_SIM_5ax/graphics/UCP800_SIM

在机床目录下建立与该目录相同名称的". dat"文件。例如：目录为"… MACH\resource\library\machine\installed_machines\UCP800_SIM\"，文件为"UCP800_SIM. dat"。该文件定义两行，第一行指向后处理文件的放置位置，第二行指向虚拟控制器目录。

UCP800 5-Ax_Mill_Vertical_AC-Table_PC, ${UGII_CAM_LIBRARY_INSTALLED_MACHINES_DIR} UCP800 _SIM _5ax \ postprocessor \ UCP800 _ SIM \ UCP800 _ SIM. tcl, ${UGII_ CAM_ LIBRARY_ INSTALLED_ MACHINES_ DIR} postprocessor\UCP800_ SIM\UCP800_ SIM. def

CSE_ FILES, ${UGII_ CAM_ LIBRARY_ INSTALLED_ MACHINES_ DIR} UCP800_SIM_ 5ax\cse_ driver\sinumerik\UCP800_ SIM. MCF

这样就完成了注册。

当打开机床模型定义文件（如"UCP800_SIM. prt"）时，就可以在【机床库】中看到这台新加载的机床，如图 11-27 所示。

这时可以建立一台机床的机床工具包（后置+仿真）。选择需要输出的机床，单击【导出机床工具包】按钮，定义输出存放目录，再单击【确定】按钮即完成机床工具包的导出。

图 11-27　机床库

2. 使用者机床注册

在机床构建器的环境中，利用【导入机床库】的办法，将后缀为 ".mtk" 的机床工具包文件导入进来，完成在 NX CAM 中的使用者注册。

第 12 章　基于 NX CAM 的机器人加工

12.1　机器人类型及应用场景

机器人的使用正在各类制造业中迅速扩展，推动这一趋势变化的原因有两个，一是近年来在准确性、可重复性和有效负载能力方面的改进使机器人足以应付更多的加工任务；二是很难找到愿意长时间在恶劣的环境和物理条件下进行重复性工作的操作工人。数控加工长期以来一直是专用机床的领域。镗铣床、立式转塔车床、5 轴加工中心均具有专门的配置，可以很好地解决单一数控加工难题。最大的限制因素是工作范围。机器人单元是覆盖大型、多轴工作范围的更经济的方式。对于许多较小的加工特征，如修整、磨削、去毛刺、抛光、研磨、上胶、粘合、轻切削等，使用机械臂可以很容易地扩展工作范围，机械臂可以延伸很长，并且可以扭曲以匹配任何所需的工具轴。因此，机器人加工提供了更大的灵活性，这可以大幅提升车间的工作效率。

工业机器人的典型应用包括焊接、刷漆、组装、拾取和放置（如包装、码垛和 SMT）、产品检测和测试等。所有工作的完成都具有高效性、持久性和准确性。工业机器人常见的五大应用领域包括：

1. 搬运领域

目前搬运仍然是机器人的第一大应用领域，约占机器人应用的 40%。许多自动化生产线需要使用机器人进行上下料、搬运以及码垛等操作。

2. 焊接领域

机器人焊接的应用主要包括在汽车行业中使用的点焊和弧焊，虽然点焊机器人比弧焊机器人更受欢迎，但是弧焊机器人近年来发展势头十分迅猛。许多加工车间都逐步引入焊接机器人，用来实现自动化焊接作业。

3. 装配领域

装配机器人主要从事零部件的安装、拆卸以及修复等工作。

4. 喷涂领域

机器人喷涂主要是指涂装、点胶、喷漆等工作。

5. 机械加工领域

机械加工行业中的机器人应用量并不高，这是因为有许多自动化设备可以胜任机械加工的任务。机械加工机器人主要从事零件铸造、激光切割以及水射流切割工作。在机械加工领域中，典型机器人的应用是除了石材、铝等之外的软材料（如黏土、木材、聚合物、软金属等）的各种加工，如图 12-1 所示。这些任务要求机器人执行连续且精确的运动，包括区域图案覆盖和加工材料的去除。使用手动方法或某些现有软件工具为机器人编制此类加工程序会存在一定难度。

图 12-1　机器人加工类型

在使用工业机器人工作时需要因材而用，使得机器人的应用更有效率，通常需要满足以下要求。

（1）准确的刀具路径　加工复杂的结构外形，通常需要准确的刀具路径。

（2）持续变更　在某些情况下，产品有许多变体，需要调整和变更本地的管理功能；或者产品将在其生命周期中改变制造流程。

（3）工作负载限制　规划流程时必须考虑硬件限制。如优化机器人的轨迹以满足高速操作中的负载要求。

（4）产品高质量输出　产品质量由生产过程决定，生产高质量的产品需要有多年来积累的专业知识。机器人加工零件的刀路要遵循切削进给速度和其他运动参数等，这些是满足质量要求的关键，并且必须符合公司的制造标准和使用的资源。

（5）吞吐量　如何在高度自动化和快速变更的环境中优化机器人、输送机和视觉系统的性能。

（6）与外部设备同步　机器人可以部署在各种配置中，如在轨道上，安装在天花板上，带有旋转台的机器上等。规划应考虑和控制外部设备的制造过程。

（7）系统布局　考虑机器人到达和避免碰撞的同时优化机器人、外部设备、围栏和其他资源的位置。随着工作单元变得更加复杂，挑战也随之增加。

（8）设备保护　避免昂贵设备的损坏，以及保证操作员的健康和安全需求也是一个重要因素。

12.2　机器人编程方法

机器人一般是由 6 根旋转轴叠加而成的机械装置；每个型号的机器人在这 6 根轴上的参数都有明确的要求，如转动角度、方位和最大速度，如图 12-2 所示。对这样的数控设备的编程，最主要的是要约定好机器人在运动过程中的姿态，在空间运动时要路径经济与到达合理，无关节死角和运动干涉。

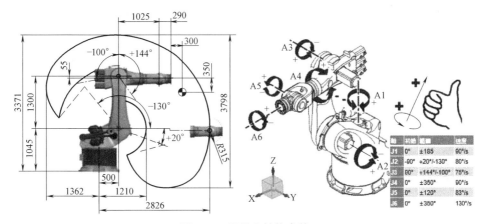

图 12-2　机器人结构参数

抛光是机器人进行机械加工的常见应用，下面以抛光的编程来介绍机器人加工编程的一般操作过程与方法。

1）在教学资源包对应文件夹中打开"robot_poses.prt"文件，进入机器人编程环境，如图 12-3 所示。

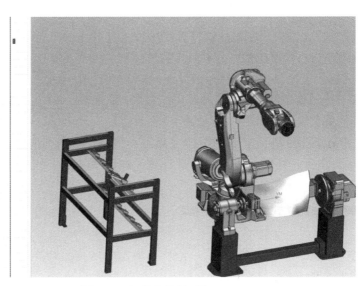

图 12-3　机器人编程环境

2）在【工序导航器—程序顺序】视图中，选择【POSITIONER_TOP】节点，其刀轨如图 12-4 所示。

3）单击【主页】→【工序】→【机床仿真】按钮，启动机床仿真环境，如图 12-5 所示。

4）在默认情况下，【显示刀轨】选项处于打开状态，单击【步骤】按钮，开始模拟。此时，看不到刀具的运动轨迹，并且机器人从原始位置跳到

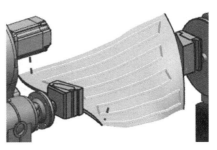

图 12-4　机器人抛光工序刀轨

图 12-5 启动机床仿真环境

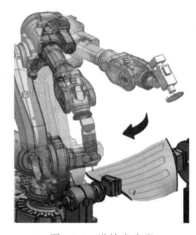

图 12-6 进给点定义

第一个进给点，如图 12-6 所示。

5）再播放模拟其余部分。当模拟结束后，机器人将停留在退刀运动的末端。通过添加原点和刀具变化姿势，从而在操作开始和结束时，使机器人均移至工具架，并且所有运动均通过刀轨显示出来。

6）最后单击【取消】按钮。

1. 添加原点姿态

机器人的运动学模型提供了加工过程中的关键原点姿态，用户也可以根据需要自定义添加原点姿态。

1）在工序导航器中，选择【POSITIONER_TOP】节点。

2）单击【主页】→【机器人加工】→【机器人控制】按钮，如图 12-7 所示。如果【机器人加工】工具栏并未显示，可以通过自定义工具栏的方式将其调出。

图 12-7 【主页】选项卡中的【机器人加工】工具栏

3）在【机器人控制】对话框中的【驱动轴】和【其他轴】选项组中，使用滑块调整各轴不同的姿态，将机器人移动到不同的位置，如图 12-8 所示。

4）在【机器人控制】对话框中的【姿态】列表中，单击【Home】节点，机器人跳回到原点位置，如图 12-9 所示。

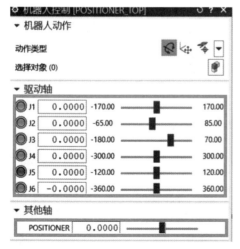

图 12-8 使用滑块调整各轴不同的姿态

图 12-9 回到原点位置

注意：在列表顶部的【原点】显示系统在【继承自】列。如果在程序组级别添加一个新的姿态，它将提供给程序组中的每个操作；如果创建下级程序组，它们将继承这个层上的姿态。

5）在【未使用】列表下选择【Home】节点，单击鼠标右键，选择【复制】命令 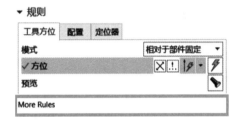 。

6）选择【工序开始之前】列表，然后单击鼠标右键，选择【粘贴】命令 📋 。

7）选择【工序结束以后】列表，单击鼠标右键选择【粘贴】命令 📋 。具体格式如下：

原点

未使用

- 工序开始之前

   Home

- 工序结束以后

   Home

8）在【规则】选项组中，单击【More Rules】按钮 ，如图 12-10 所示，进行规则定义。

在【用户定义事件】对话框中的【可用事件】列表中，有使用机械手姿势规则的多个实例。用户可以根据需要进行事件的添加或删除，如图 12-11 所示。

9）在【用户定义事件】对话框中单击【取消】按钮，关闭当前对话框。

10）在【机器人控制】对话框中的【设置】选项组，确认勾选 ✔ 各项，单击【确定】按钮后执行机器人规则。

接下来用户可以进行仿真观看执行机器人规则的效果。

1）在【POSITIONER_TOP】节点仍处于选中状态下，单击【主页】→【工序】→【机床仿真】按钮，确认菜单栏中的【显示刀轨】处于打开状态。

2）单击【步骤】按钮 ▶| 开始模拟，在仿真环境下，弹出【仿真控制面板】对话框，如图 12-12 所示。【驱动轴】选项组中会动态显示各轴的位置，如图 12-13 所示。

3）多次单击【步骤】按钮 ▶|，直至仿真结束。打开【显示刀具轨迹】选项，除加工刀轨外的刀具轨迹也会显示出来，如图 12-14 所示。当仿真结束时，机器人返回到起始位置。

图 12-10　规则定义

图 12-11　【用户定义事件】对话框

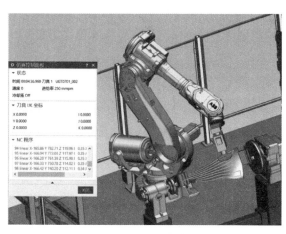

图 12-12　机器人仿真环境

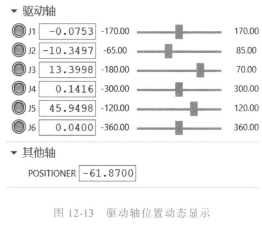

图 12-13　驱动轴位置动态显示

4）单击【完成仿真】按钮，退出仿真环境。

2. 将刀头放在刀架附近

有时需要定义具有特殊形态的剪式抓手作为夹具，以支撑有角度刀头的重量。刀架被建模为实体，可以用来定义姿势位置。

1）选择【POLISH】节点，单击【机器人控制】按钮，弹出【机器人控制】对话框，如图 12-15 所示。观察到当前【机器人】选项组中的【配置】为【J3+J5+OH-】。

2）在【机器人动作】选项组中，单击【刀具控制点动作】按钮。

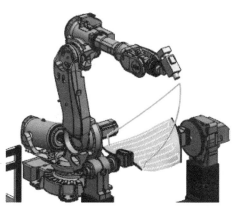

图 12-14　显示刀具轨迹

3）选择手柄平移原点为参考点 1，如图 12-16 所示。

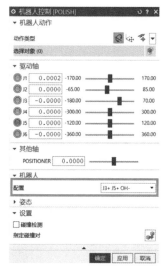

图 12-15　【机器人控制】对话框

图 12-16　参考点 1

4）放大刀具架顶行中的专用夹具，并选择显示圆弧中心为参考点 2，如图 12-17 所示。

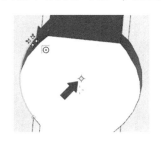

图 12-17 参考点 2

机器人移动刀具到指定的位置，如图 12-18 所示。该刀具还没有设置角度，与夹具的方向一致。

现在，【机器人控制】对话框中的【配置】为【J3+J5-OH-】。

5）注意不要单击屏幕或任何几何形状，以免移动手柄原点，选择沿-X 轴方向平移手柄，如图 12-19 所示。如果不小心移动了原点或其中一个轴，则可以重复选择手柄原点和圆弧中心以恢复位置。

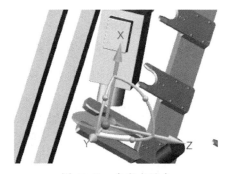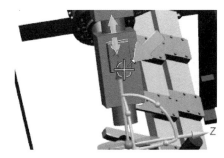

图 12-18 参考点重合　　　　　　图 12-19 指定方向

6）选择驱动器的上表面，将手柄基准与夹具对齐，但机器人的位置保持不变，如图 12-20 所示。

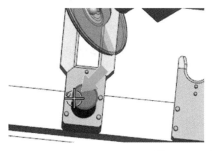

图 12-20 定义 X 轴方向

7）不要移动手柄原点，选择沿 Y 轴平移手柄，如图 12-21 所示。

使用快速拾取，选择夹持器的长边，如图 12-22 和图 12-23 所示。将刀头与夹具对齐，并且使刀具在夹具开口上方居中，如图 12-24 所示。

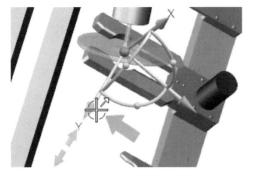

图 12-21　选择坐标系的 Y 轴手柄

图 12-22　选择夹持器长边

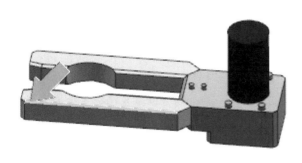

图 12-23　选择 Y 轴参考边

图 12-24　定位刀具

再将刀头移入夹持器，以便夹持器可以将刀头固定在图 12-25 所示位置。

由于执行器气缸包含一个接近传感器，因此将支撑架放置在其附近的位置非常重要。

3. 定义换刀姿势

将刀头定位完成，可以进行换刀。并且分析刀具到达夹持器顶面必须移动的距离。

1）单击【分析】→【测量】→【测量距离】按钮。

2）起点对象选择图 12-26 所示的正方形表面。

3）终点对象选择夹持器的上表面，如图 12-27 所示。

4）记录测量距离的结果为 126.8755mm。可以在【信息】窗口中显示结果，然后将 3D 距离值复制到剪贴板。在【测量距离】对话框中，单击【取消】按钮。

图 12-25　夹持器与刀具的位置

支撑架

5）在【Distance】框中，输入【-126.87】，然后按<Enter>键，如图 12-28 所示。

6）将刀具移至其在机架中的静止位置，接触夹具表面并将接近传感器放置在支撑架附近，如图 12-29 所示。

7）在【机器人控制】对话框中的【姿态】选项组中，单击【新姿态】下拉列表右边的【添加】按钮 ⁺◆ 。

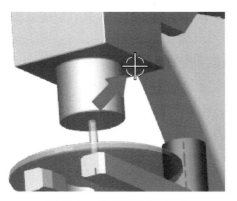

图 12-26　指定测量面（一）

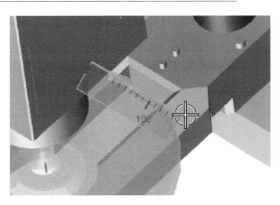

图 12-27　指定测量面（二）

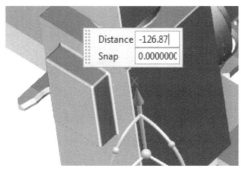

图 12-28　输入测量结果

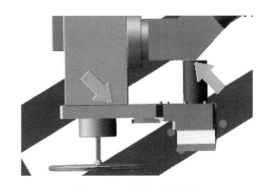

图 12-29　移动刀具位置

8）在【姿态】列表中，命名新的姿态为【换刀】，如图 12-30 所示。

9）交替单击【Home】姿态节点和新的【换刀】姿态节点以测试运动，其过程如图 12-31 所示。

图 12-30　添加换刀姿态

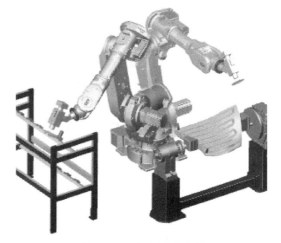

图 12-31　姿态运动过程

10）使【机器人控制】对话框保持打开状态。

4. 定义一个中间姿态

1）依机械手的换刀姿态，选择沿 X 轴平移手柄。

2）在【Distance】框中输入【700】，然后按<Enter>键。这是在换刀位置和进刀运动开始位置中间的安全位置，如图 12-32 所示。

3）添加一个新的姿态在这个位置上，并将其命名为【中间点】，如图 12-33 所示。

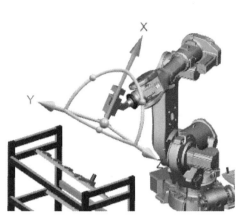

图 12-32　中间点姿态定义

图 12-33　将【中间点】姿态添加到【姿态】列表

4）交替单击【Home】姿态节点和【中间点】姿态节点，测试姿态的运动过程。

5）检查【继承自】列，在程序组级别或操作中创建的姿态不会被继承，该列显示为空白。在任何级别，都可以编辑在该级别定义的姿态。仅当未在较低级别上使用姿态时，才能删除或重命名它们。一旦使用它们，尝试将其删除将发出警告消息。

6）单击【确定】按钮，关闭当前对话框。

5. 在作业中使用姿态

1）在工序导航器中，选择【POSITIONER_TOP】节点。

2）单击【机器人控制】按钮。

3）在【姿态】列表中复制新的【中间点】姿态节点，并粘贴在【工序开始之前】组中的【Home】节点下方和【工序结束以后】组中的【Home】节点上方。

4）复制【换刀】姿态节点，然后将其粘贴在【工序开始之前】组中的【中间点】姿态节点之后和【工序结束以后】组中的【中间点】姿态节点之后。

5）再次复制【中间点】姿态节点，并将其分别粘贴到图 12-34 所示位置。

6）单击【确定】按钮，关闭当前对话框。

6. 编辑姿态

在操作过程中，需要经常模拟测试姿态并进行调整，以提高工作效率。

1）选择【POSITIONER_TOP】节点，单击【模拟机】按钮，并用【显示刀轨跟踪】选项进行仿真。机器人的运动轨迹如图 12-35 所示。

当操作结束后，可看到【中间点】姿态距离刀具架太远。如果机器人移动，并以一个合理的慢下料速率换刀，换刀时间就会过长。

2）选择【POLISH】节点，然后单击【机器人控制】按钮，在姿态节点被定义的级别对其进行编辑。

① 在【姿态】列表中选择【换刀】姿态节点。

图 12-34　目前呈现的【姿态】列表

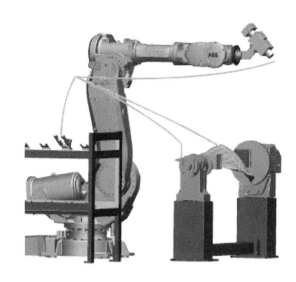

图 12-35　刀轨跟踪

② 关闭【显示】选项 。启用该选项后，目标背景为黄色。禁用时，它具有白色背景。现在可以从列表中选择一个姿态，这不会影响机器人的位置。

③ 将【动作】类型设置为【刀具控制点动作】，选择【中间点】姿态节点。

④ 选择沿 X 轴平移手柄。

⑤ 在【Distance】框中输入【400】，然后按<Enter>键。机器人移动到距离换刀位置400mm 处，如图 12-36 所示。

⑥ 单击【使用当前值】按钮 ，编辑选择的【中间点】姿态。

⑦ 单击【确定】按钮，处理添加的规则。

⑧ 重新生成【POSITIONER_TOP】姿态，并覆盖刀具路径。当编辑或删除已套用的规则时，应重新生成操作以删除所有旧的刀路语句，然后再次应用规则以添加新的语句。

⑨ 单击【主页】→【机器人加工】→【应用规则】按钮 。

⑩ 进行机器人模拟操作，观察更新后的【中间点】姿态的应用效果，如图 12-37 所示。

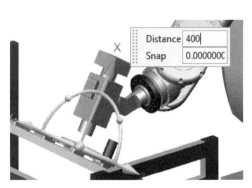

图 12-36　位置定义

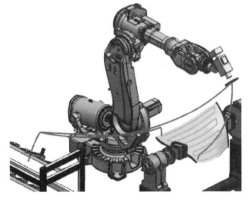

图 12-37　更新后的中间点姿态应用效果

12.3 配置定位器与轨道

机器人应用中的定位器与轨道都是为了扩大机器人的使用范围所使用的装置。下面将通过使用定位器与轨道的机器人加工案例，讲述如何在 NX 的机床库中导入新的机器人工具包。

1. 导入机器人工具包

由于该活动的机器人不在机床库中，用户需要创建一个零件，使用【机床构建器】命令，将一个机器人工具包导入到当前库中；然后复制机器人及其文件，并开始向副本添加附件。

1）创建以 mm 为单位的空白模型模板，再创建一个新的零件。

2）单击【应用程序】→【加工】→【更多】→【机床构建器】按钮。

3）单击【主页】→【机床工具包】→【导入机床工具包】按钮。

4）在【浏览机床工具包】对话框中选择教学资源包中的"robot_accessories.mtk"，然后单击【确定】按钮。

5）继续单击【确定】按钮，导入机器人工具包。

6）检查清单是否包括导入的零件、"machine.dat"文件的条目、有关机器数据库的详细信息。

7）关闭【信息】窗口。

8）关闭所有零件，且不进行保存。

9）在【文本编辑器】中打开"kuka_kr500_r2830.dat"文件。"dat"文件应包含指向后处理器及其".tcl"和".def"文件的指针。由于套件内容不完整，因此系统会创建文件，但不会创建这些值。

10）关闭该文件并将其删除。

11）在【文本编辑器】中打开"kuka_kr500_kl4000_kp1_mdc4000.dat"文件。本例已将该文件添加到工具包中。否则，需要进行创建。

12）浏览".dat"文件中引用的".def"文件"KUKA_KRL_post.def"，并用【文本编辑器】打开。

".def"文件包含格式信息和引用".cdl"（用户定义的事件）文件中的【INCLUDE】命令。".cdl"文件尚不存在。需要在机器人运动学模型完成后进行创建。

13）关闭".dat"和".def"文件并不保存更改。

14）保持系统文件工具包打开，后面需要经常使用。

15）关闭【文本编辑器】。

2. 创建一个 NX 装配

添加 KL4000 滑轨和 KP1-MDC4000 定位器，因此将使用的文件夹命名为"kuka_kr500_kl4000_kp1_mdc4000"。

1）打开"kuka_kr500_kl4000_kp1_mdc4000\graphics"文件夹并拖动"kuka_kr500_r2830.prt"文件到 NX 窗口中。

2）对"graphics"文件夹中另存为"kuka_kr500_kl4000_kp1_mdc4000"零件文件进行

【另存为】操作。该零件已经包含标准的运动学结构。从该结构开始添加导轨和定位器可以节省时间。

3）完成【另存为】操作后，删除 "kuka_kr500_r2830. prt" 文件。

4）单击【组件】→【组件】→【新建】按钮 。

5）在【新组件档案】对话框中，首先确认该文件夹中包含 "graphics" 文件夹的路径，然后在【名称】文本框中，输入 "kuka_kr500_r2830"，最后单击【确定】按钮。

6）打开【创建新零部件】对话框，将【类型过滤器】设置为【实体】，按<Ctrl+A>键选择全部 24 个实体，确认已选中【删除原始对象】复选框 ，然后单击【确定】按钮。之后，这些主体会短暂消失，并在 NX 添加新组件时重新出现，坐标系保留在顶层。现在在顶层装配体中拥有一个运动学模型，但没有运动学的机器人几何模型。

7）在装配导航器中验证新的结构，如图 12-38 所示。

3. 重新定义运动部件

此时，运动结构已经失效，因为已从零件中移除了所有实体并将它们放置在装配部件中，必须重新定义机器组件的主体。

1）在机床导航器中对于【J1】到【J6】节点，双击编辑每个机床组件，然后可选择每个几何体，还可以验证正确的几何体计数。图 12-39 所示为机器人组件。

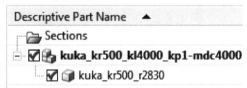

图 12-38　验证新的结构

底座(5个体)

J1(3个体)

J2

J3(8个体)

图 12-39　机器人组件

J4(5个体)   J5

J6

图 12-39　机器人组件（续）

2）验证所有关节和轴，KUKA 机器人结构如图 12-40 所示。接下来需要添加和定位其他装配零件。为确保不随意移动机器人，需将其位置固定。

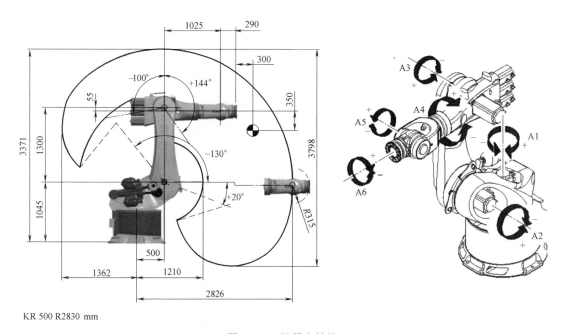

KR 500 R2830 mm

图 12-40　机器人结构

3）单击【装配】→【组件位置】→【装配约束】按钮 。

4）单击【固定】按钮 ，选择机器人组件，然后单击【确定】按钮，效果如图 12-41 所示。

系统创建【固定】约束后，在机器人组件上单击的点处显示对应的约束符号。符号如果不方便观察，可以在装配导航器中验证。

5）保存以上设置。

4. 将导轨添加到装配体

1）单击【装配】→【组件】→【添加】按钮 。

2）在【零件】选项组中单击【打开】按钮 。

3）添加 KL40000 导轨，如图 12-42 所示。

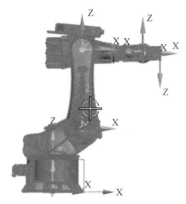

图 12-41　创建【固定】约束

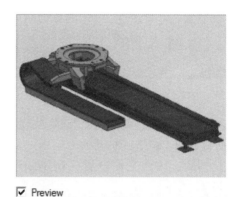

图 12-42　导轨

4）从【定位】列表中选择【移动】组件，然后单击【确定】按钮。

5）在距离机器人基座大约两倍宽度的点处单击，如图 12-43 所示。

系统在单击的点处放置导轨，如图 12-44 所示。默认定位模式是动态的。

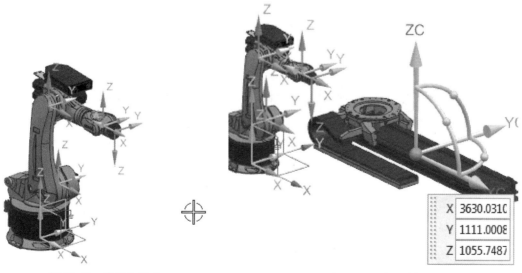

图 12-43　确定放置点

图 12-44　放置导轨

为了便于移动，可以通过拖拽手柄随时拖动导轨。

6）在【变换】组，在【运动】列表中选择【通过约束】命令 。

161

7）设置【约束类型】为【接触对齐】 ，选择中间板的顶部和机器人底座底部的黄色垫中的一个，如图 12-45 所示。

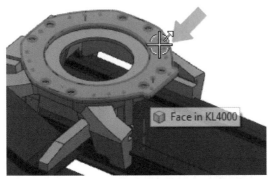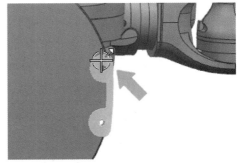

图 12-45　选择接触面

系统自动移动导轨，使中间板与机器人底座的底部共面。由于在机器人上应用了【固定】约束，因此它的位置保持不变，如图 12-46 所示。

8）将中间板的中心线与机器人底座的中心线对齐，如图 12-47 所示。

9）机器人导轨安装完成，如图 12-48 所示。单击【确定】按钮，保存以上设置。

5. 配置导道运动

将导轨移动到机器人的底座。在当前的运动结构（图 12-49）中，将机器人的基础选为机器基础 MACHINE_BASE 节点

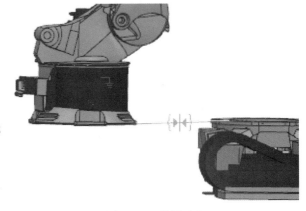

图 12-46　接触对齐

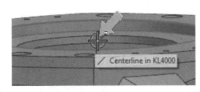

图 12-47　中心线对齐

图 12-48　完成安装

Machine Tool Navigator - Machine Tool Builder

Name	Classificatio
KUKA_KR500_R2830	
MACHINE_BASE	_MACHINE_
J1	
J2	
J3	
J4	
J5	
J6	
POCKET	_DYNAMIC_
PART	_PART, _SET

图 12-49　机器人运动结构

中的几何体。机器库具有 MACHINE_BASE 分类，它还包含机器的 0 节点。这些组件必须保留在树的顶部。更改机器人底座的几何形状，并为机器人底座添加新的运动学组件，如图 12-50 所示。双击【MACHINE_BASE】节点。

1）按住<Shift>键并拖动矩形删除当前选择的形状。

2）选择导轨的固定机构，如图 12-51 所示，选择两端、中间部分和接线托盘。然后，单击【确定】按钮。

图 12-50　定义底座

图 12-51　定义轨道

3）用鼠标右键单击【MACHINE_BASE】节点，再单击【插入】→【机床组件】按钮。

4）命名新的运动部件为 "ROBOT_BASE"，命名其关节为 "ROBOT_BASE_JCT"，并在绝对原点指定默认的坐标系的位置。

5）选择机器人底座的 5 个几何体、托架几何体、中间板几何体和线束的 3 个几何体，如图 12-52 所示。

6）单击【确定】按钮，完成机器人底座部件的选择。

7）如图 12-53 所示，将【J1】节点拖动到机器人底座节点【ROBOT_BASE】下方。

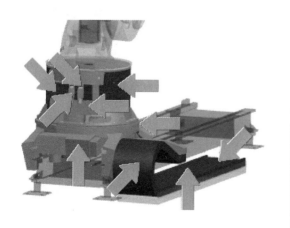

图 12-52　底座部件

Machine Tool Navigator - Machine Tool Builder

Name	Classificatio
KUKA_KR500_R2830	
⊟ MACHINE_BASE	_MACHINE_
└ PART	_PART, _SET
⊟ ROBOT_BASE	
⊟ J1	
⊟ J2	
⊟ J3	
⊟ J4	
⊟ J5	
⊟ J6	
└ POCKET	_DYNAMIC_

图 12-53　机器人运动结构

8）用鼠标右键单击【ROBOT_BASE】节点，再单击【插入】→【轴】按钮。

9）设置【名称】为【RAIL】，【选择】为【名称】，【名称】为【MACHINE_BASE @ MACHINE_ZERO_JUNCTION】，【方向】为 ![X]，【类型】为【线性】，【NC 轴】为 ![□]，【轴数】为【7】，【初始值】为【0】，【上限】为【3400】，【软上限】为【3400】，【软下限】为【0】，【下限】为【0】，【最大速度】为【1890】。

10）预览导轨的运动方向，以验证其几何形状、限制设置以及轴方向是否正确，如图 12-54 所示。

11）保存以上设置。

6. 固定导轨位置

为防止导轨移动，对导轨应用约束以固定其位置。

1）单击【装配】→【组件位置】→【装配约束】按钮 ![icon]。

2）再次单击【固定】按钮 ![icon]，选择导轨组件，单击【确定】按钮。

3）保存以上设置。

7. 添加定位器到装配体

在此步骤中将定位器平行于导轨放置，并将其大致居中放置在导轨旁边，以最大程度地扩大机器人的作用范围。

1）单击【装配】→【组件】→【添加】按钮 ![icon]。

2）在【选择零件】选项组中单击【打开】按钮 ![icon]。

3）在教学资源包对应文件夹中打开 "kp1_mdc4000" 零件，如图 12-55 所示。

图 12-54　导轨运动方向

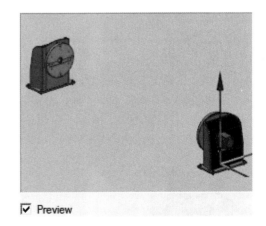

图 12-55　定位器

4）在大约两倍导轨宽度且略微超出导轨上限的点处单击，如图 12-56 所示。系统将定位器的驱动端放置在单击点处，如图 12-57 所示。

5）单击【接触对齐】按钮 ![icon]。在【方位】下拉列表中选择【对齐】命令。选择定位器的基部和导轨锚板的底面，如图 12-58 所示。使刚选择的两个面对齐，如图 12-59 所示。

6）单击【平行】按钮 ![icon]，如图 12-60 所示选择对象。使刚选择的导轨表面和定位器底座边缘平行，如图 12-61 所示。

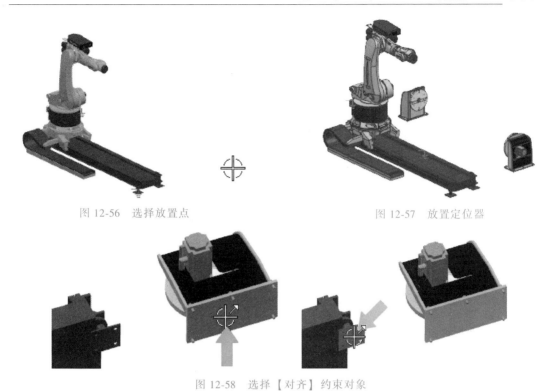

图 12-56　选择放置点　　　　　　　　　　图 12-57　放置定位器

图 12-58　选择【对齐】约束对象

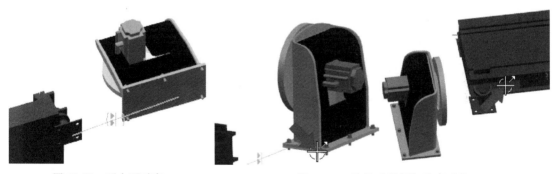

图 12-59　两个面对齐　　　　　　　　　图 12-60　选择【平行】约束对象

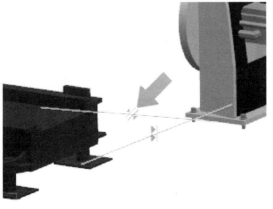

图 12-61　导轨表面与定位器底座边缘平行

7）单击【距离】按钮 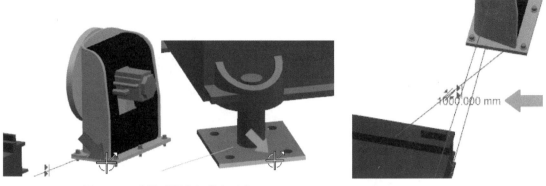。选择定位器的底部边缘以及导轨上锚板的外表面，如图 12-62 所示。设置距离为 1000mm，如图 12-63 所示。

图 12-62　选择【距离】约束对象　　　　　图 12-63　设置距离

8）在【运动】下拉列表中选择【动态】命令。沿着 XC 轴拖动定位器到导轨旁边大致居中的位置，如图 12-64 所示。单击【确定】按钮，删除临时限制，如图 12-65 所示。

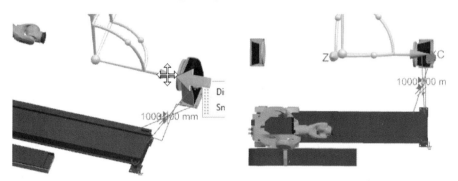

图 12-64　拖动定位器

9）保存以上设置。

8. 配置运动学定位

1）在【MACHINE_BASE】节点下，插入具有以下属性的新机床组件【POSITIONER】节点。

2）在【指定坐标系】选项组中单击【坐标系对话框】按钮。

3）将【选择范围】设置为【在工作部件和组件内】，如图 12-66 所示。然后，在定位

图 12-65　确定位置关系

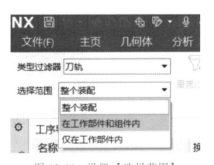

图 12-66　设置【选择范围】

器驱动板上指定圆弧中心。

4）在【坐标系】对话框中单击【确定】按钮。

5）选择驱动板为定位的几何体，如图 12-67 所示。

6）单击【确定】按钮。

7）在【POSITIONER】节点下，设置轴

【名称】为【POSITIONER】，【选择】为【名称】，【名

称】为【POSITIONER @ POSITIONER _JCT】，【方向】为

图 12-67　选择定位几何体

，【类型】为【旋转无限】，【NC 轴】为，【轴数】为

【8】，【初始值】为【0】，【最大速度】为【47.37】。

8）打开【预览运动】对话框预览轴运动，以确保连接正

确，如图 12-68 所示。

图 12-68　预览轴运动

9）保存以上的设置。

9. 配置运动学设置

1）在【POSITIONER】节点下插入具有以下性质的新的机器部件【SETUP】节点。

2）将【PART】节点拖到【SETUP】节点下。

在默认的机器人设置中，由于不知道零件的位置，因此不指定 CSYS。使用定位器时，可以假定零件位于定位器安装面的中心。

3）在机床导航器，编辑 PART 机床组件，并在定位器驱动板的中央指定一个 CSYS，如图 12-69 所示。通过零件安装连接点将机器人定位在 CAM 设置中，如图 12-70 所示。

4）在 SETUP 节点下，创建一个新机器组件【FIXTURE】节点，如图 12-71 所示。

5）保存以上设置。

10. 查看装配体和库数据

现在已经添加了外轴并为零件定义了位置。接下来可以通过定义运动链将其连接到零件。

1）用鼠标右键单击【KUKA_KR_500_R2830】节点，然后选择【定义运动链】，如果运动学正确，链被识别，单击【确定】按钮定义链。

2）预览运动，确保所有轴和几何形状都存在，并且按照预期方式进行运动。

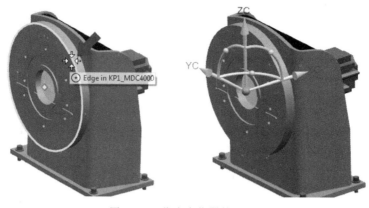

图 12-69　指定定位器的 CSYS

Machine Tool Navigator - Machine Tool Builder	
Name	Classificatio
KUKA_KR500_R2830	
⊟ MACHINE_BASE	_MACHINE_
⊟ ROBOT_BASE	
⊟ J1	
⊟ J2	
⊟ J3	
⊟ J4	
⊟ J5	
⊟ J6	
└ POCKET	_DYNAMIC_
⊟ POSITIONER	
⊟ SETUP	_SETUP_ELE
└ PART	_PART, _SET

图 12-70　机器人运动关系（一）

Machine Tool Navigator - Machine Tool Builder	
Name	Classificatio
KUKA_KR500_R2830	
⊟ MACHINE_BASE	_MACHINE_
⊟ ROBOT_BASE	
⊟ J1	
⊟ J2	
⊟ J3	
⊟ J4	
⊟ J5	
⊟ J6	
└ POCKET	_DYNAMIC_
⊟ POSITIONER	
⊟ SETUP	_SETUP_ELE
├ PART	_PART, _SET
└ FIXTURE	_SETUP_ELE

图 12-71　机器人运动关系（二）

3）单击【主页】→【机床套件】→【机床库】按钮🔧。导入工具包时，系统将为"kuka_kr500_kl4000_kp1_mdc4000"行创建大多数数据。该工具包不包含与该文件夹同名的零件文件，因此"part_file_path"列指向根目录。

4）更正零件文件路径条目，以指向新的顶层程序集"kuka_kr500_kl4000_kp1_mdc4000. prt"。

11. 设置 CAM

1）从机床工具包中的样本文件夹中打开"blade_setup_1"模型文件，如图 12-72 所示。

在仿真刀路之前，必须创建用户定义的事件文件，在 NX 中加载 CAM 设置才能生成".cdl"文件。先具有".cdl"文件，才能将机器人添加到 CAM 设置中。方法是将任意".cdl"文件从另一个机器人复制到工具箱中，然后通过生成一个新的文件将其覆盖。

图 12-72　零件模型

2）复制从"\kuka_kr300_r2500_on_rail\robots"的".cdl"文件，并粘贴到"\kuka_kr500_kl4000_kp1_mdc4000\robots"文件夹。

3）在【工序导航器-机床】视图中，双击【GENERIC_MACHINE】节点进行编辑。

4）单击【从库中调用机床】按钮，双击【ROBOT】节点分类。

5）双击【kuka_kr500_kl400_kp1_mdc4000】节点。默认定位方法是使用零件安装连接点。因为已经在 PART 机床组件中定义了 CSYS，并且在设置的 PART 运动学组件中也定义了 CSYS。

6）单击【6-Ax Robot On Rail With Positioner】对话框中的【确定】按钮，然后关闭【信息】窗口，效果如图 12-73 所示。如果单击【取消】，则撤消了机床更改。

12. 生成机器人工具包的".cdl"文件

13. 测试机器人

1）在【工序导航器-程序顺序】视图中，选择【SIDE_1】和【SIDE_2】节点。

2）单击【主页】→【操作】→【机床仿真】按钮。

3）单击【播放】按钮进行仿真，效果如图 12-74 所示。

图 12-73　添加机器人

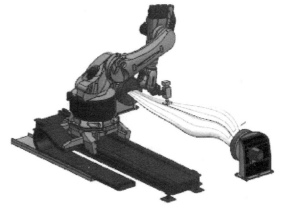

图 12-74　加工仿真

12.4　更新运动学结构

在机床导航器中删除【POCKET】和【PART】机床组件节点，编辑【J1】至【J6】机床组件，双击每个机床组件节点，然后选择每个组件的几何体，接着为机器人装配体添加新的组件：

在计算机操作系统的文件资源管理器中，将零件文件复制到"installed_machines\kuka_kr500_r2830_mw\graphics"文件夹中。

1）单击【装配】→【组件】→【添加】按钮，并在绝对原点添加"robot_work_cell_mw-mh.prt"文件。工作单元部件如图 12-75 所示。该工作单元部件已经具有固定工具作为组件，装配结构如图 12-76 所示。用户可以基于此结构来定义运动学的安装工件。

2）在【类型过滤器】下拉列表中选择【实体】选项，隐藏传送带的主体，效果如图 12-77 所示。这些部件将在其他场合中使用。

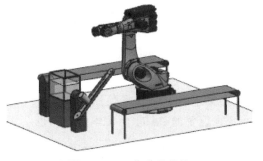

图 12-75　工作单元部件

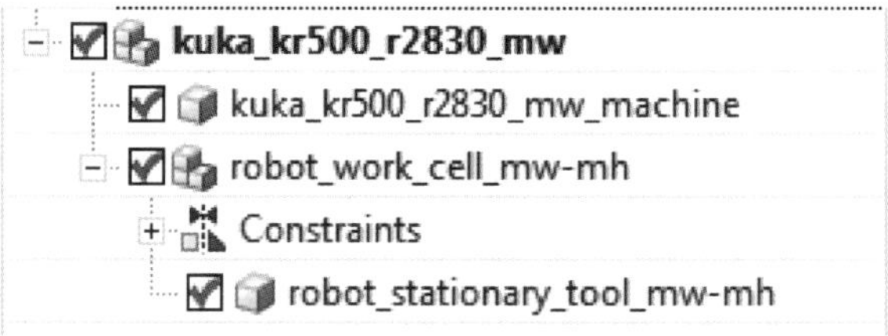

图 12-76　添加零件后的装配结构

3）保存以上设置。

目前的运动结构如图 12-78 所示。将创建、安装的工件设置所需的特殊连接，然后添加并设置组件。

图 12-77　隐藏传送带主体

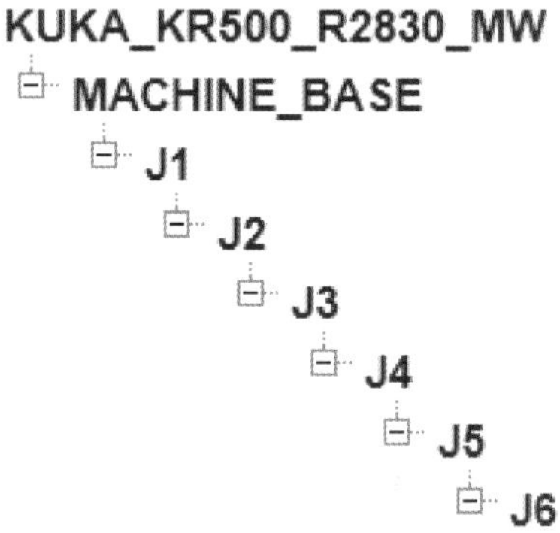

图 12-78　目前的运动结构

1）双击【J6】节点编辑，机床组件。

2）在【联接】选项组，单击【添加新设置】按钮 ⊕ 。

3）在列表中选择新联接点后，在【名称】文本框中输入【ROBOT_FLANGE_JCT】。

4）单击【坐标系对话框】按钮 ↓ 。

5）将【类型】设置为【动态】，【选择范围】设置为【在工作部件和组件中】，选择法兰面的外边缘，如图 12-79 所示。

6）在【坐标系】对话框中，单击【OK】按钮，接受默认方向，如图 12-80 所示。在

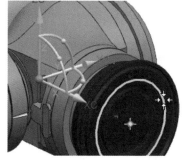

图 12-79　选中法兰面的外边缘

图 12-80　定义坐标系的位置方向

【编辑机床组件】对话框中单击【确定】按钮。

【J6】节点的联接列中应该有两个联接点，分别为【J6_JCT】和【ROBOT_FLANGE_
JCT】。

7）在【J6】节点下，插入一个机床组件节点【SETUP】，分类为【SETUP_ELEMENT】。
NX 对零件和胚料自动套用【SETUP_ELEMENT】的分类。

8）在【SETUP】节点下，插入三个机床组件节点，分别为【PART】节点，其分类为
【PART】；【BLANK】节点，其分类为【WORKPIECE】；【FIXTURE】节点，其分类为
【SETUP_ELEMENT】，运动结构如图 12-81 所示。

9）编辑【PART】运动组件，并且指定 CSYS 在凸缘的中心，以定义一个联接，如
图 12-82 所示。

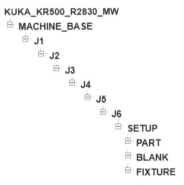

图 12-81 目前的运动结构

图 12-82 定义零件位置

10）保存以上设置。

12.5 定义刀槽

要完成运动学结构的完整定义，需要为工作单元中每个刀具位置创建一个刀槽，为其定
义相应的运动链结构，并对其进行测试验证。

1. 定义刀槽组件

首先需要定义刀槽组件，图 12-83 所示为添加刀槽组件的位置。

在【MACHINE_BASE】节点下插入以下一个新的机床
组件【POCKET_POLISH】。设置其【联接】选项组中的
【名称】为【POLISH_JCT】；在【分类组件】列表中勾选
【STATIC_HOLDER】；【夹持器细节】选项组中设置【夹持
器 ID】为【1】，【补偿】为【同夹持器 ID】，【刀具补偿】
为【同夹持器 ID】，【容量中的刀具数】为【1】。

1）为刀架的抛光刀具创建一个联接，并指定如
图 12-84 所示的刀具方向。

2）在【MACHINE_BASE】节点下创建一个机床组件
节点【POCKET_COOL】。设置【联接】选项组中的【名
称】为【COOL_JCT】；在【分类组件】列表中勾选

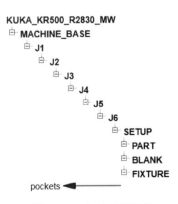

图 12-83 定义刀槽组件

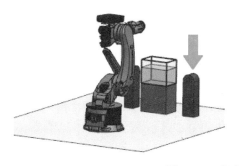
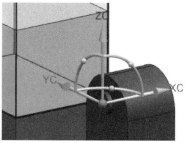

图 12-84　定义刀具方向

【STATIC_HOLDER】；在【夹持器细节】选项组中设置【夹持器 ID】为【2】，【补偿】为
【同夹持器 ID】，【刀具补偿】为【同夹持器 ID】，【容量中的刀具数】为【1】。

3）为【POCKET_COOL】指定一个加工坐标系，位于其下方 5mm 处，ZC 轴朝上，如图 12-85 所示。

4）在抛光刀具节点下创建三个新的机床组件节点，并为每个组件定义一个联接点，三个组件的相对位置如图 12-86 所示。具体的节点设置如下：

① 三个节点的【名称】分别输入【POCK-ET_LINISH_OUTER】【POCKET_LINISH_TIP_UPPER】【POCKET_LINISH_TIP_LOWER】。

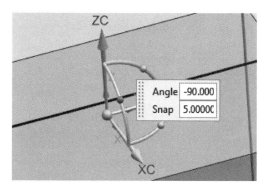

图 12-85　定义刀具位置

② 【联接】选项组中的【名称】分别输入
【POCKET_LINISH_OUTER_JCT】【POCKET_LINISH_UPPER_JCT】【POCKET_LINISH_LOWER_JCT】。

③ 在【分类组件】列表中均勾选【STATIC_HOLDER】。

④ 在【夹持器细节】选项组中分别设置【夹持器 ID】为【3】【4】【5】，【补偿】为
【同夹持器 ID】，【刀具补偿】为【同夹持器 ID】，【容量中的刀具数】为【1】。

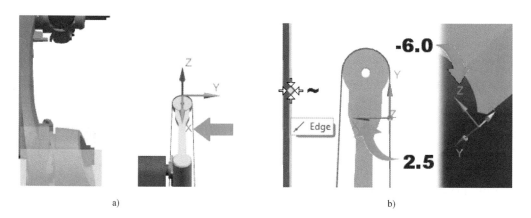

a)　　　　　　　　　　　　　　b)

图 12-86　三个组件的相对位置

【POCKET_LINISH_OUTER】节点定位在传送带边缘上的一点，将 X 轴垂直对准内表面，将 Y 轴平行对齐到边缘的顶端，将 X 轴移入传送带 2.5mm，将 Z 轴沿边缘平移 6.0mm，如图 12-87 所示。

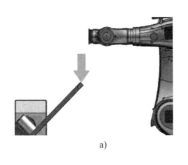
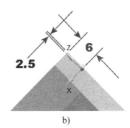
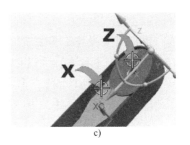

图 12-87　相对参数定义

定位【POCKET_LINISH_TIP_UPPER】节点。在【点】对话框中设置【类型】为【象限点】 ◯ ，将 Z 轴与带轮的上表面对齐，将 X 轴对准传送带框架的边缘，如图 12-88 所示。

定位【POCKET_LINISH_TIP_LOWER】节点。在下边缘选择一个象限点。使用与【POCKET_LINISH_TIP_UPPER】相同的定位步骤和相对尺寸进行定位。

现在【J1】节点运动树结构如图 12-89 所示。

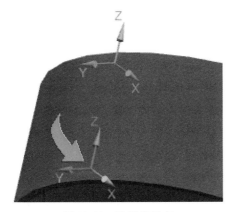

KUKA_KR500_R2830_MW
　MACHINE_BASE
　　J1
　　POCKET_POLISH
　　POCKET_COOL
　　POCKET_LINISH_OUTER
　　POCKET_TIP_UPPER
　　POCKET_TIP_LOWER

图 12-88　设置接触点　　　　　图 12-89　【J1】节点运动树结构

5）验证每个刀槽节点里有唯一的夹持器 ID，刀具容量至少为 1，分类为【STATIC_HOLDER】，有对应刀具的联接设置。

注意：建议用户在设置过程中选择与刀具号相对应的刀槽 ID 号，这样可以节省操作时间。系统将刀具分配给与刀具编号具有相同 ID 的刀槽。如果多个刀槽具有相同的 ID，或者与刀具编号不匹配，系统则会将刀具分配给下一个可用的刀槽。

6）保存以上设置。

2. 定义运动链

1）用鼠标右键单击【KUKA_KR500_R2830_MW】节点并选择【定义运动链】命令。

2）如果运动学定义正确，则 NX 会识别出结构类型为 Robot。【定义运动链】对话框显示了一个默认名称为【CHAIN】的运动链。该运动链具有【POCKET_POLISH】作为刀具端,【SETUP】作为零件端。

3)在【定义运动链】对话框中,单击【添加新设置】按钮✛ 4次,增加至5条运动链。系统将每个新运动链命名为【CHAIN_1】。所有运动链的零件端都有设置,刀具端为【POCKET_POLISH】。

4)在运动链列表中选择第1行。将其【名称】编辑为【CHAIN_1】。

5)重复以上操作,设置第2行【名称】为【CHAIN_2】,【刀具端】为【POCKET_COOL】;第3行【名称】为【CHAIN_3】,【刀具端】为【POCKET_LINISH_OUTER】;第4行【名称】为【CHAIN_4】,【刀具端】为【POCKET_LINISH_TIP_UPPER】;第5行【名称】为【CHAIN_5】,【刀具端】为【POCKET_LINISH_TIP_LOWER】,结果如图12-90所示。

6)保存以上的设置。

3. 添加工件

图12-91所示为要添加的工件与夹具。

在库中检索 kuka_kr500_r2830_mw 机器人,使用【零件安装联接定位】方法进行安装,结果如图12-92所示。

Name	Type	Tool End	Part H
CHAIN_1	Robot	POCKET_POLISH	SETU
CHAIN_2	Robot	POCKET_COOL	SETU
CHAIN_3	Robot	POCKET_LINISH_OUTER	SETU
CHAIN_4	Robot	POCKET_LINISH_TIP_UPPER	SETU
CHAIN_5	Robot	POCKET_LINISH_TIP_LOWER	SETU

图12-90 运动链的定义

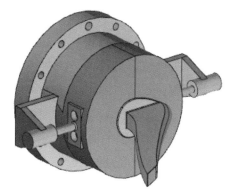

图12-91 零件与夹具

图12-92 安装机器人

4. 测试机器人

至此,机器人的完整运动学结构已经设置完成。设置零件具有操作功能和机械手规则。

在【工序导航器-程序顺序】视图中,选择【NC_PROGRAM】节点,单击【主页】→【操作】→【机床模拟】按钮 🖫。

1)以最大速度播放仿真,观察机器人各轴是否按预定方式运动,效果如图12-93所示。

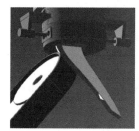

图12-93 仿真加工

2）关闭所有零件。

总之，从 NX CAM 的架构而言，机器人工具包的定义和使用与一般的机床工具包具有高度的一致性，都是通过定义装配体、为其组件定义运动链、加载工件的流程进行操作，最后进行运动仿真来验证动作或者轨迹的准确性。只不过机器人部分装置比普通机床更复杂多样，定义姿态和控制也通过专门的组件来进行。NX CAM 利用现有的系统架构对使用日益频繁的机器人进行了技术支持，拓展了对现代智能制造的支持范围，使之具有更广泛的应用性。